不管你有多懶、多沒時間、房間再小
只要照著做就能過上簡單俐落的生活

無印良品
整理・打掃・洗滌
家事哲學

瑞昇文化

Staff
裝幀設計／奧山志乃（細山田デザイン事務所）
撰稿／田中彰　西澤浩一　藤田奈津紀（エックスワン）
攝影／尾木司　fort　©OURHOME（P.8～15、封面）
印刷廠／シナノ書籍印刷株式會社
協助／良品計畫

閱讀本書前，請詳閱以下事項：

本書收錄的各項內容為截至2018年4月的資訊（日本）。
商品價格、規格等部分可能有所變更。
關於無印良品的商品資訊，請上無印良品網路門市（http://www.muji.net/）確認。

所列出的商品價格皆已包含消費稅。
沒有標示價格的私人物品，部分也已經絕版。
欲實行本書中提及的方法時，請審慎考慮自家建築物的構造、性質，
仔細確認商品的使用注意事項並自行承擔施作後果。

關於右記事項，還請各位讀者多多包涵。
＊本書中出現的日本商品，可能會有台灣沒進口，或是停止販售的情況。

前言

好希望住在能夠毫不費力就能收拾得整齊俐落的房間。
好希望就算再忙也能輕鬆打掃，保持家裡環境整潔。
好希望幾個動作就能把衣服洗好。

這些日常生活的願望和煩惱，都一定有辦法解決。

使用無印良品，
「就算再怕麻煩的人，
也可以在轉眼之間就替
房間、家事、時間、生活去蕪存菁！」
本書邀請許多生活達人親口為大家介紹種種用過才會知道的
生活小智慧，
以及設計簡約的推薦道具。
包含整理收納顧問在內，4位享受生活的專家
也不藏私公開他們錦囊裡的生活妙計。

具體的使用方法和道具，全都毫不保留收錄在本書之中。
如果有想嘗試的方法，請務必照著做做看。
願這本書自明天起，
能成為助您改善生活的一臂之力。

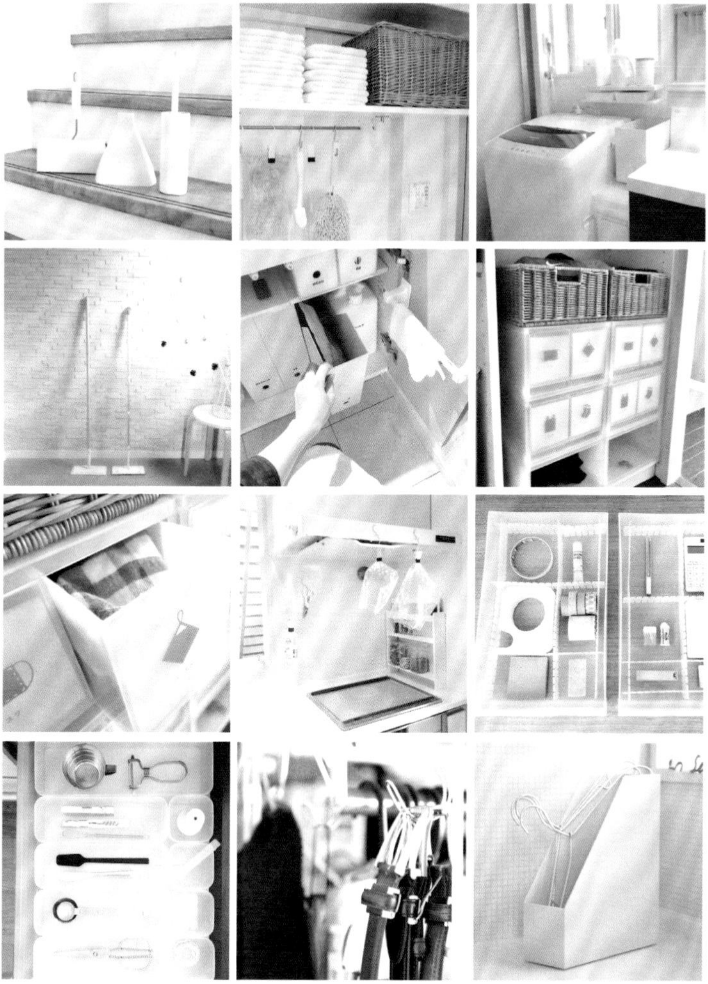

用無印良品過上暢快生活的整理術。

毫不費力地整理、維持環境整潔。
為了暢快的生活，
使用幾項常見用品建構簡約收納術。

Category ｜ 整理術

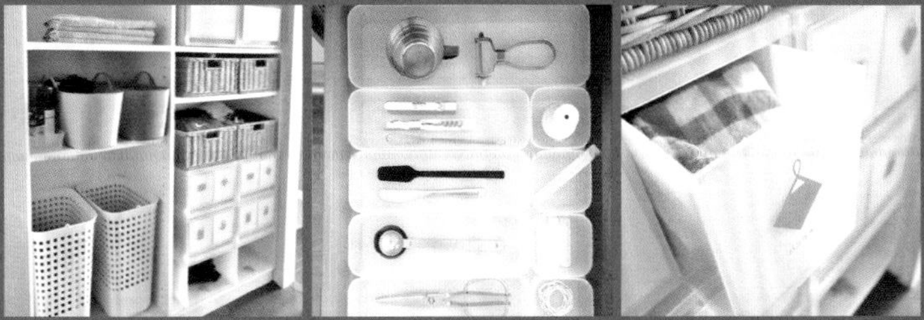

整理收納顧問

Emi女士來告訴大家

用無印良品創造乾淨俐落環境的收拾法和整理術。

保持環境整潔的要訣，就是全家人一起思考收納方法。這是我們家的生活公約。

活動頻頻的超人氣整理收納顧問Emi女士是育有兩名8歲孩子的職業婦女。一般人就算家裡沒小孩，收拾東西也很麻煩了，到底要怎麼樣才能像她一樣把房間維持的這麼整齊又乾淨……？

為了家事、育兒、工作三頭燒的人，Emi女士親自傳授以下保持房間整潔的秘訣。

「任何時候都能保持乾淨的要訣，就是要和家人、孩子這些同住於一個屋簷下的人一起建立收納方式。」乍聽之下，可能會覺得先聽聽家人的意見再收納，不是在繞遠路嗎……？

「我也常常跟孩子商量家裡的收納方法，比方問他們『這個東西放哪裡比較好？』『媽媽覺得這裡不太方便，可不可以換個方法試試看呢～？』我想其實討論收納方式，也和『建立家人之間的情感』脫不了關係。」

全家人一起決定東西收的地方，不光是東西擺哪裡能一清二楚，也會很自然讓大家共同負責「要整理的地方」。決定好固定位置，東西用完後就只需要放回去。多聽聽大家的意見，讓孩子跟先生也能夠自行收拾，整理的重擔就不會全落在Emi女士一個人身上，可以全家人一同打造舒適自在的家庭。

「我也很推薦加入一些好玩的方法，像是我會跟他們玩『睡前5分鐘收拾，計時開始！』之類的小遊戲。慢慢把家人都拉進整理的行列。」Emi女士告訴我們，規劃一套既有趣、又能讓大家一起整理的方法最重要。

Profile

於大型購物平台從事8年企劃工作，後以「找出『最適合』我們家的生活」為理念，於2012年創辦OURHOME。現於收納計畫、NHK文化中心各方面舉辦收納講座。2015年秋天，於兵庫縣西宮市建立「生活課程工作室」。也拓展活動範圍至NHK節目「あさイチ」「まる得マガジン」等媒體上。私底下則是兩名於2009年出生的雙胞胎的媽媽。

HP：ourhome305.com

Instagram：@ourhome305

photo©OURHOME（P8-15、封面）

＼ Emi女士家裡的變身櫃大公開！ ／

「怕麻煩的人也能快樂整理的秘密，就是取一個有趣來勁的名稱。這裡我就取作『變身櫃』。」

要換的衣物
全部收在一處

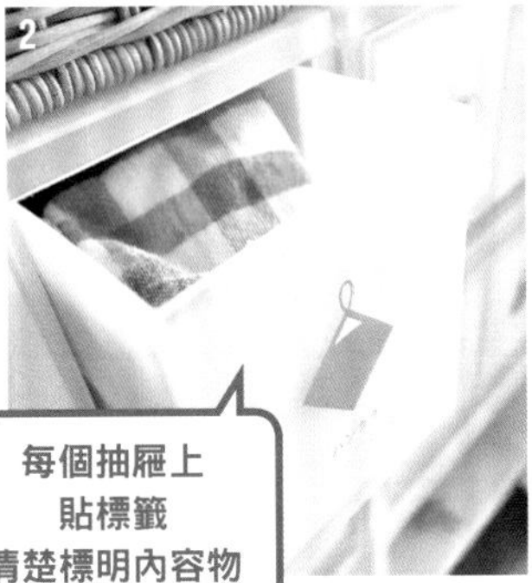
每個抽屜上
貼標籤
清楚標明內容物

1 「PP收納盒」用於衛浴間收納。因為每天都會打開，所以選擇好拿好收的用品。

2 一個抽屜裡只放一種東西，貼上標籤和圖案標明收納的地方，讓孩子也看得懂。

為了讓孩子也能夠自己做整理，Emi女士替這個收納空間取了個名字叫「變身櫃」。專門擺放上學時會用到的和出門會帶的東西。「這個想法是在孩子3歲時想到的，希望讓他們學會自己做好出門的準備。」聽說多虧有這間變身櫃，兩位孩子在上托兒所的時候就已經會自己做好出門準備了！那就趕快來看看到底是什麼樣的收納方式方便孩子自己收拾整理吧。

首先，收納的鐵則是「1格1種」。一格收納空間裡面，只能放一個種類的東西。這麼一來，什麼地方有什麼東西都能一目瞭然。使用無印良品的「PP收納盒」系列商品分格收納衛生衣、襪子、手帕等衣物，並貼上標示抽屜內容物的圖案標籤。圖案式的標籤讓任何人都能一眼看出裡面收納的東西是什麼。

此外，每天穿的衣服則集中放在容易拿取的位置。這也是為了讓衣物好拿好收的小巧思。

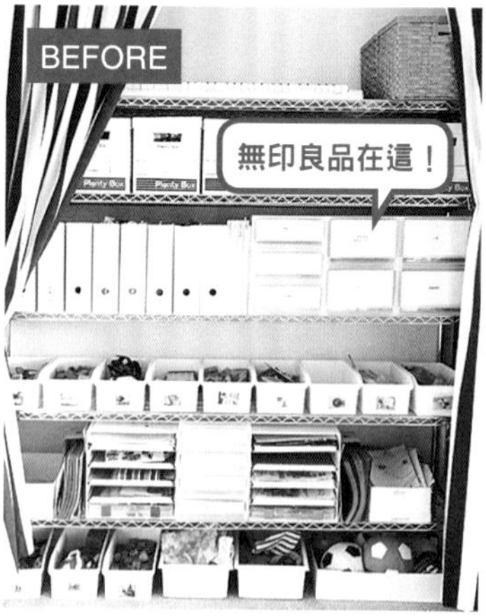

用來收納文具等物品的「PP收納盒」系列商品，挪來印表機旁作為文件和紙類的收納。收納盒教人開心的地方在於它可以根據用途和房間的家具配置採取不同組裝方式，能彈性因應不同生活型態和更換布置時的變動。這邊也遵守1抽屜1種類的原則，如果盒子不夠裝再添購即可。

「收納時，一定要選擇樣式簡單且獨立的用品。由於每個房間都適用，用品能充分發揮功效。」

無印良品的收納用品在Emi女士家中的資料櫃也發揮了很大的功用。這個過去收納所有文件和文具類的「情報站」一隅，也使用了大量的「PP收納盒」系列商品。不過在規劃孩子專用的空間時，經歷了大規模改造，連情報站所收納的東西也有所改變。現在這裡集中放的是跟孩子還有生活相關的文件。「改造之後，PP收納盒還是可以吻合收納空間，真是太棒了。」購買收納盒的時候，為了因應未來用途改變的可能，要選擇能獨立拆開而非整組的用品。

Emi女士告訴我們：「收納用品使用彈性大、外觀簡樸，所以也可以輕鬆重新組合，運用在任何時間、任何地方，非常推薦大家使用。」

1 為了讓其他員工也能使用，抽屜外面一定要貼上標籤，避免問東問西的麻煩。

2 收納相機用品的抽屜，線材和電池等瑣碎的小東西用小盒子區分開來。

3 各種咖啡杯和玻璃杯，同樣的東西就疊起來。抽屜深度恰到好處，疊在下面的東西也可以輕鬆拿取。

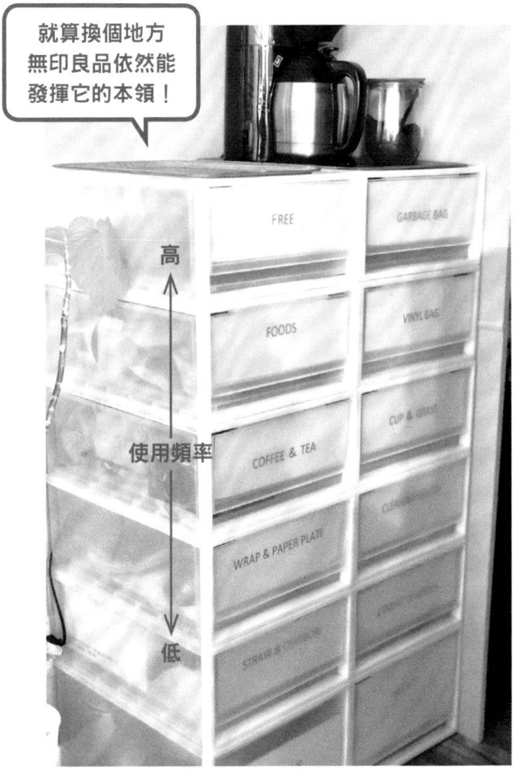

辦公室廚房一旁的櫃子也是用「PP收納盒」系列商品堆疊組成。淺型的抽屜式收納盒裡放茶具和紙盤、垃圾袋等物。這種淺型抽屜式收納盒的深度恰到好處，就算東西堆疊在一起還是能一覽無遺。像咖啡等消耗品和常用的紙杯一堆廚房會用到的東西，最適合用這種盒子收納。

另外，辦公室廚房的旁邊也看得到「PP收納盒」系列商品。每一層分別放置零食、茶、杯子等食品餐具以及垃圾袋。可以看到每一層的標籤都分的非常仔細，至於為什麼一層抽屜只放一種類的東西呢？

Emi女士說：「零嘴、杯子這些要收的東西雖然很雜，但做好分類，同樣東西收進同個抽屜的話，就算東西堆在一起還是一清二楚。」還有，討論事情時如果想到需要準備很多紙盤子的話，也可以把整個抽屜都拉出來搬到桌子上，拿來拿去一點都不費力。

如果覺得「沒空間擺太多收納用品」，可以試試看把同樣的狀況下會用到的東西、同樣用途的東西分做一堆。

「比方說『數位相機類』的抽屜裡不會只放相機，還會放其他傳輸線和其他配件。因為裡頭放的都是數位相機器材，就算其他員工要用也不會搞不清楚。」

乍看之下
衛浴間裡好像
沒有牙膏……

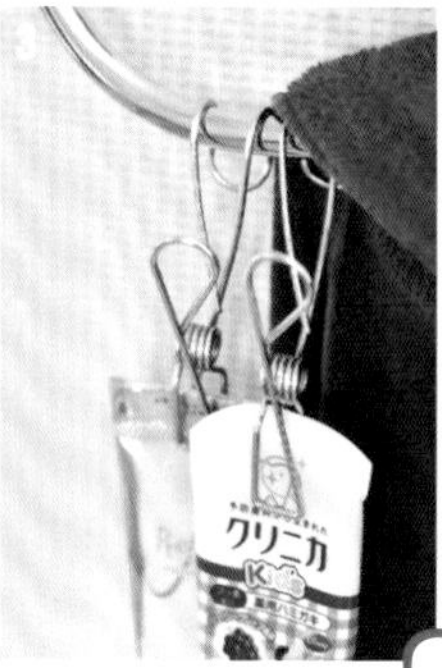

牙膏放
這裡！

1 放在外頭的東西少，衛浴間看起來乾淨俐落。牙刷用吸盤式的架子黏在牆上，可是牙膏呢……？
2 其實這個擦手巾後頭的「不鏽鋼絲夾／4入」（390日圓）就是放牙膏的固定位置。
3 決定好固定收在這裡後就輕鬆多了！為了避免每個家人用完牙膏後亂放，採取的計畫就是把牙膏吊在毛巾背後！

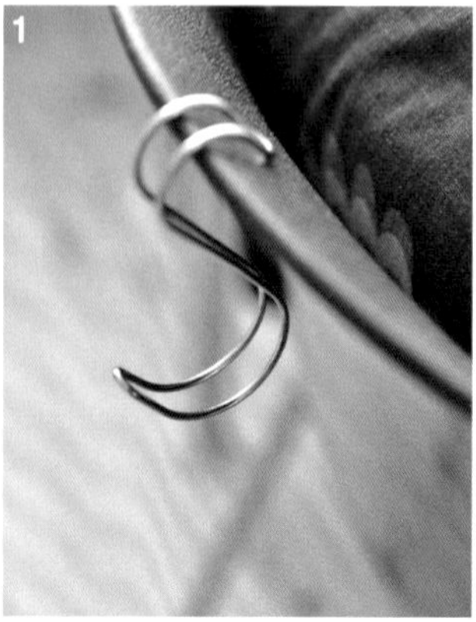

1 使用「不鏽鋼S掛鉤／防橫搖型／小／2入」（350日圓），好處是可以掛在任何地方。
2 外出時如果不想直接把包包放在地上，掛鉤就是提供放置處的最佳法寶。戶外休閒和運動時也可以參照這種小小的巧思。

我喜歡無印良品的文具用品。夾子和S型掛鉤都常常帶在身上。

1 文件統一用深灰色的「再生紙資料夾（線圈）」（290日圓）。用品統一樣式，整理起來也方便。
2 使用簡樸的灰色資料夾，和其他相簿擺在一起收納也沒問題。
3 使用基本的雙線圈型，繁雜的文件只需要打個洞就能統整得整整齊齊。

夾子和掛鉤十分好用，聽說Ｅｍｉ女士都會隨身攜帶。她跟我們拍胸脯保證：「我們家裡的牙膏是用不鏽鋼絲夾吊起來收納的。自從用了這種方法，收拾整理都輕鬆多了！」吊掛收納可以避免東西亂放，就算是快用完的牙膏也可以順順地用到底。另外，Ｅｍｉ女士都會放一個掛鉤在外出時帶的包包裡。

「無印良品的Ｓ型掛鉤是我陪兒子出去踢足球時必備的小東西（笑）。」為什麼要準備Ｓ型掛鉤？一般人可能會覺得莫名其妙，不過像運動場這種不知道包包可以放哪裡的地方，有掛鉤就可以把包包掛起來了。用這種方法就不必擔心包包放地上會弄髒，讓人不禁也想在外出時嘗試看看。

其他愛用品還有用來管理托兒所聯絡簿的兩孔式線圈資料夾。「通常想說要做成漂漂亮亮的書，到最後根本連動都不會動，所以用簡便的兩孔式資料夾收起來就好。」正因為這些文件資料每天都會增加，所以更推薦使用比較簡便的用品。

書和雜誌 用箱子裝 移動起來好輕鬆。

各種占空間的文件可以使用無印良品的檔案盒收納，搭配橡木材的組合層架再適合不過。容易搞丟的說明書全部集中放在一起也便於和其他東西區隔開來，內部再使用再生紙資料夾將文件分開，就不會全部混在一起，拿的時候也很方便。而且用檔案盒裝文件，要打掃時就可以整盒拿出來，吸塵器開下去，清理常常積在櫃子上的灰塵。

書本和雜誌則統一用木製盒子收納，要看書時整箱搬走，就可以在沙發上享受慵懶又幸福的閱讀時光。百圓商店的有蓋盒也和木頭的質地相襯，可以營造出端莊又沉靜的客廳氣氛。

→meg女士

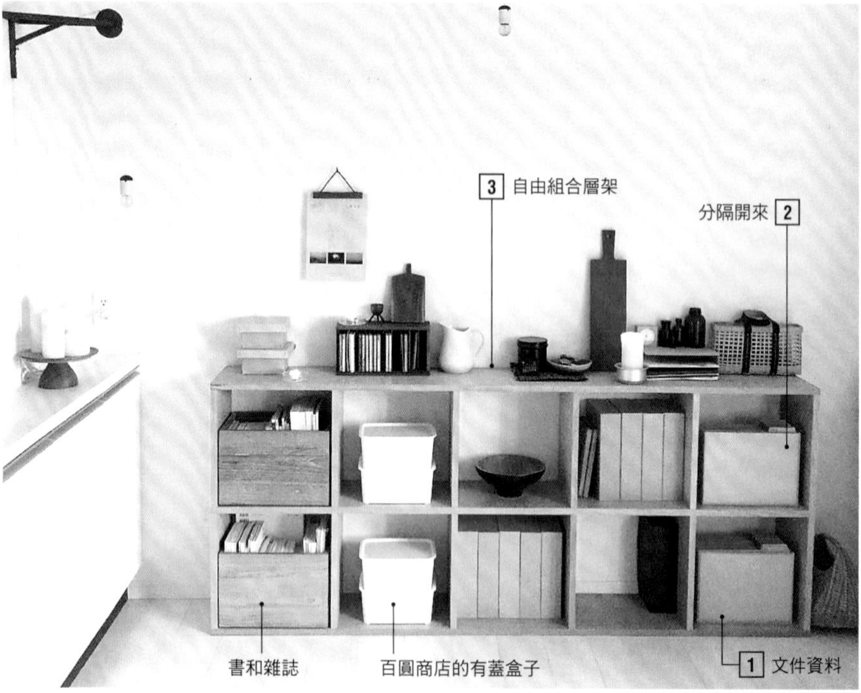

1

PP立式檔案盒／A4／白灰
約寬10×深32×高24cm
價格：690日圓

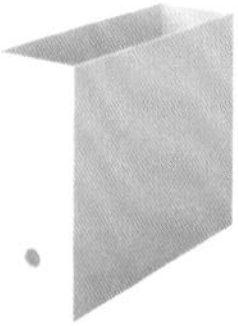

2

再生紙資料夾／A4／5張入
價格：190日圓

3

自由組合層架／5層2列／橡木
寬82×深28.5×高200cm
價格：3萬2900日圓

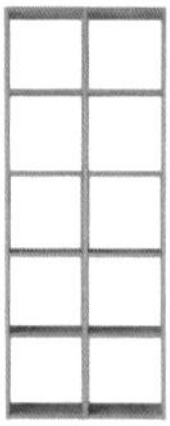

整理電視櫃時把線材收進盒子。

電視櫃周邊的電線經常亂七八糟，不好清理，重新調整成好整理的模樣後，目前左邊櫃子是先生的專屬空間。檔案盒統一收著先生的小東西。而體積大又不常用的電器產品就拔掉電線，電線集中放在托盤上。要打掃時只需要將盒子跟托盤整個拉出來，省下不少麻煩。

右邊櫃子則放遙控器和充電電池等比較常用到的東西，還有一些集中收納小東西的化妝盒。化妝盒高度不高，方便用於各種櫃子的收納。還有，使用附隔板的化妝盒，可以把文具和指甲刀等長型的小東西立起來放，好找又好拿。

→ayumi女士

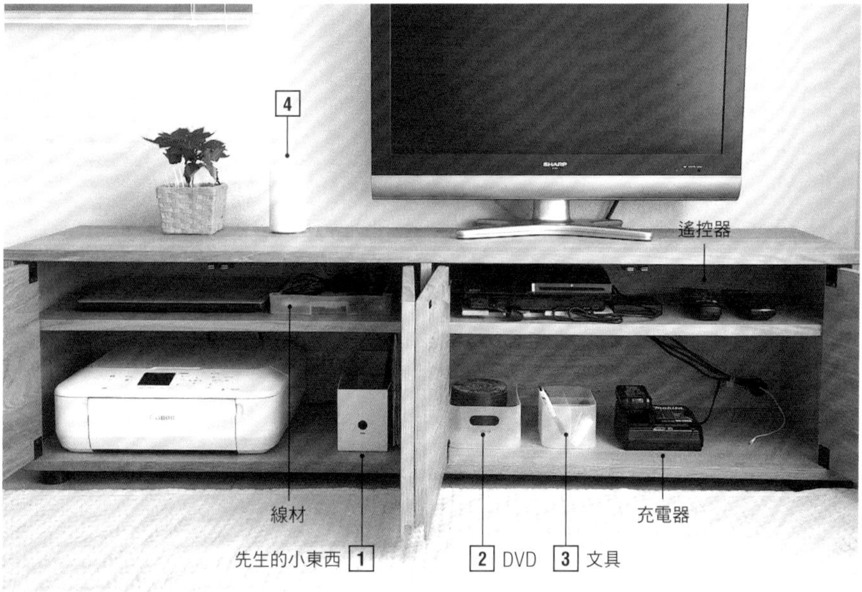

1

PP立式檔案盒1/2／
白灰
約寬10×深32×高12cm
價格：390日圓

2

PP化妝盒1/2
約寬15×深22×
高8.6cm
價格：350日圓

3

PP化妝盒1/2橫型／
附隔板
約寬15×深11×高8.6cm
價格：290日圓

4

超音波芬香噴霧器（K）
約直徑8×高14cm
（不含突起部分）
價格：4890日圓

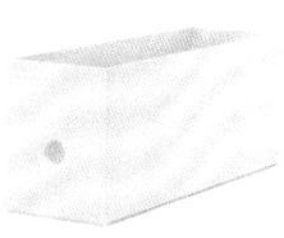

Category｜整理術

玩具要放進好拿好收的棉麻聚酯收納箱。

之前家裡的玩具常常丟得到處都是，後來才調整成方便孩子收拾的方法。使用無印良品的棉麻聚酯收納箱，孩子也可以輕鬆拉出來，玩具玩完後只要放回大箱子裡面就好，收拾起來一點也不費力。這麼一來，或許孩子就會願意一起收拾囉。

左邊則放一個不鏽鋼籃，集中保管地毯清潔滾輪和尿布等東西。提把收進籃子內後還可以堆疊收納，而且用不鏽鋼籃能夠看見裡頭裝的東西，十分好用。

壁掛家具上則擺放香精油，使用芬香噴霧器釋放符合心情的香氣，創造舒適的客廳環境。

→yu.ha0314女士

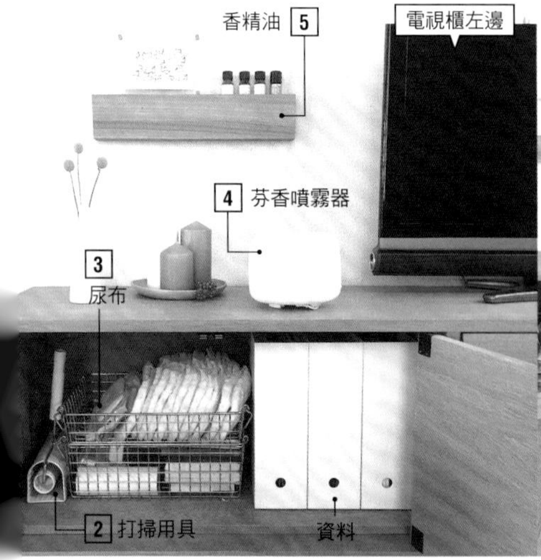

1

棉麻聚酯收納箱／L
約寬35×深35×高32cm
價格：1490日圓

2

掃除系列／
地毯清潔滾輪／4A
約寬18.5×深7.5×高27.5cm
價格：390日圓

3

18-8　不鏽鋼收納籃3
約寬37×深26×高12cm
價格：2290日圓

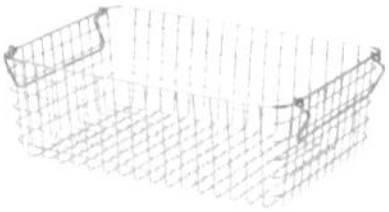

4

大容量超音波芬香噴霧器
約直徑16.8×高12.1cm
（不含突起部分）
價格：6890日圓

5

壁掛家具／
長押44cm／橡木
寬44×深4×高9cm
價格：1890日圓

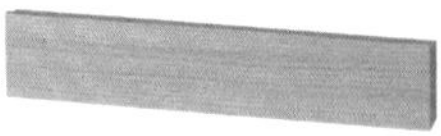

壓克力隔板架放小東西搭配使用壁掛家具，讓空間乾淨俐落。

工作桌上，各式文具常常拿出來後就沒有再收回去。如果想要快速整理，可以使用無印良品的檔案盒來當作簡易的道具收納箱，讓桌子周圍變得有條不紊，提升效率。

如果想擺放一些小東西，就用壁掛家具和壓克力隔板架，有效利用空間，避免佔用桌面。這麼一來也不容易堆積髒污，省下不少打掃的麻煩。

→mayuru.home女士

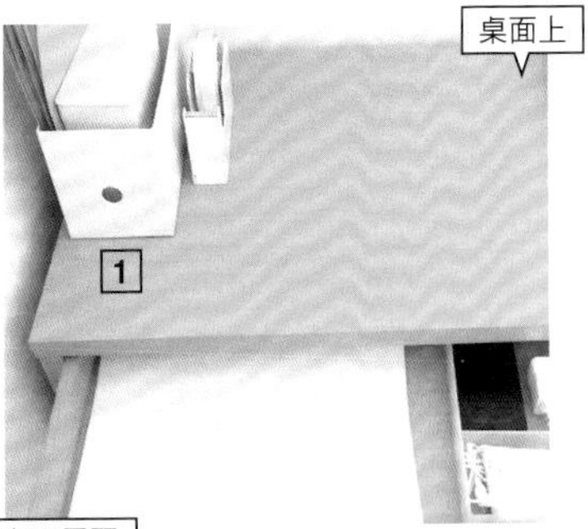

1 PP立式檔案盒1/2／白灰
約寬10×深32×高12cm
價格：390日圓

2 壓克力隔板
約寬26×深17.5×高10cm
價格：590日圓

簡便的包包放置處最適合用掛鉤吊起來！

借回來的書和CD、剛開始看的書放進袋子並掛在閱讀區。不定期出現在家中的東西都固定收在這裡，可以避免東西散亂。壁掛家具在這種地方非常好用。

→nika女士

壁掛家具／掛鉤／橡木
寬4×深6×高8cm
價格：890日圓

裁縫用品用堅硬且簡樸的鋼製工具箱收納，想拿就拿。

堅硬的鋼製工具箱拿來當作裁縫用品的道具盒，收納起來就變成這個樣子。由於箱子很小，想要做點裁縫的時候可以輕鬆拿出來。這個箱子我也會拿來當作一般工具箱使用。

→nika女士

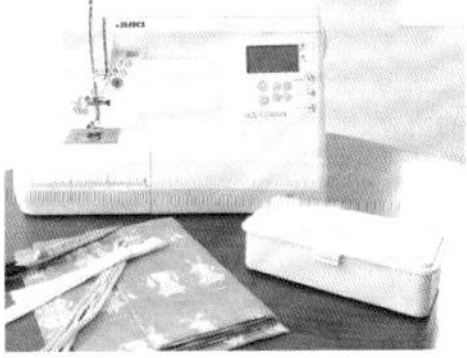

鋼製工具箱1
約寬20×深11×高6cm
價格：1190日圓

重新調整衣櫥及早變身為高效率收納魔術大空間。

我們家裡的衣櫥是那種很深的大壁櫥，不做調整就直接使用的話真的很難用。我利用壁櫥的深度，重新規劃出分成前後2部分的收納空間。畢竟家裡收納空間不多，如果不花點心思可沒辦法容納全家四口的東西。

中間層內側放檔案盒來收納一些文件和衛生紙的庫存，外側裝一根伸縮桿掛衣長比較短的衣服。至於衣長較長的外套類怕摩擦到，就掛在其他地方。

下層內側收納一些非當季使用的家電，外側放置一些前後較短的收納盒。這麼一來就不會浪費壁櫥空間，連深處都能妥善運用。

→mari_ppe＿＿女士

1 文件和消耗品

1

PP立式檔案盒／寬／A4／白灰
約寬15×深32×高24cm
價格：990日圓

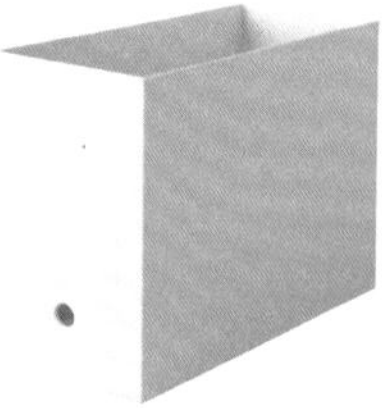

一拉抽屜就整個掉下來的箱子靠**伸縮桿**就能解決。

我們家的收納家具從鋼架換成蘋果木箱，裡面的收納盒使用的是一些籃子和無印良品的「PP盒／抽屜式／深型」。使用抽屜式的盒子會有一個小小的麻煩，就是抽屜拉到全開的話，盒子也會跟著「翹後輪」！然後整個盒子掉到地上。

這個問題困擾了我們1年，現在終於解決了。使用百圓商店買來的伸縮桿，裝設在箱子的屁屁上方，就可以避免箱子掉下來了。這麼做之後，我們終於不再為此感到有壓力，能用單手收納東西了。

→DAHLIA★女士

1
PP盒／抽屜式／深型
約寬26×深37×高17.5cm
價格：990日圓

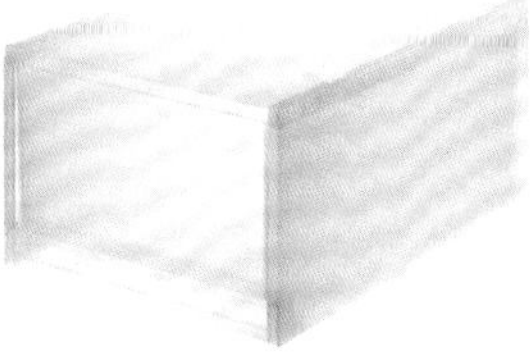

文件整理的關鍵是什麼東西在哪都清楚的收納術。

家人的各種文件增加個不停，整理起來很費事。我們家在使用無印良品檔案盒的方法上，有幾個特別注意的地方。第一是為了讓大家馬上知道什麼東西放哪裡，會用「再生紙資料夾」和透明資料夾仔細做好文件分類。另外，確定留存期限的東西也會清楚標明日期。

全家人共用的資料、先生的、我的、孩子的，全都分清楚來，就可以大幅減少混雜在一起和找不到的狀況。而且還可以一眼看出哪些資料已經不需要了，也不會過度增加文件的堆放量。還有，檔案盒外觀簡單，堅固耐用，可以把資料整理得漂漂亮亮，所以我非常喜歡。

→pyokopyokop女士

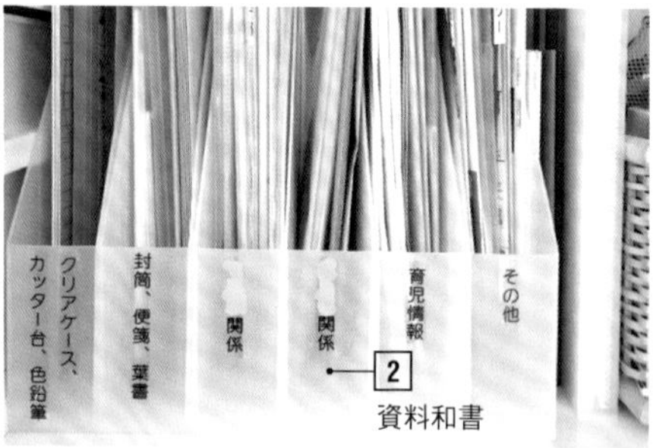

繁瑣的資料放透明資料夾

夾起來保管

用索引清楚區分種類

1

PP立式檔案盒／A4／白灰
約寬10×深32×高24cm
價格：690日圓

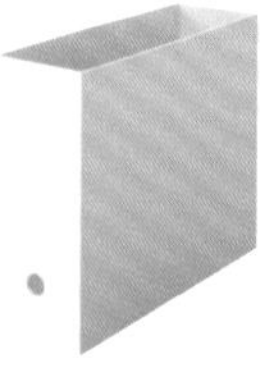

2

PP立式檔案盒／斜口／A4／1/2
約寬5×深27.4×高31.8cm
價格：590日圓

3

再生紙資料夾／A4／5張入
價格：190日圓

容易弄得亂七八糟的東西，要決定固定位置和最低限度的量。

電視櫃的抽屜裡，使用無印良品的抽屜整理盒來收納文具用品。有些東西感覺用完後不知道該放哪裡才好，那就在盒底貼上標籤標明各東西的歸處。容易弄得亂七八糟的東西，決定好收放的位置並只留最低限度的數量，就能夠保持抽屜乾淨俐落。

此外，盡可能減少文具用品，也可以替收納空間留一些空位，看起來整齊美觀多了。其實平常會用到的東西、喜歡的東西比想像中的還少。

→mayuru.home女士

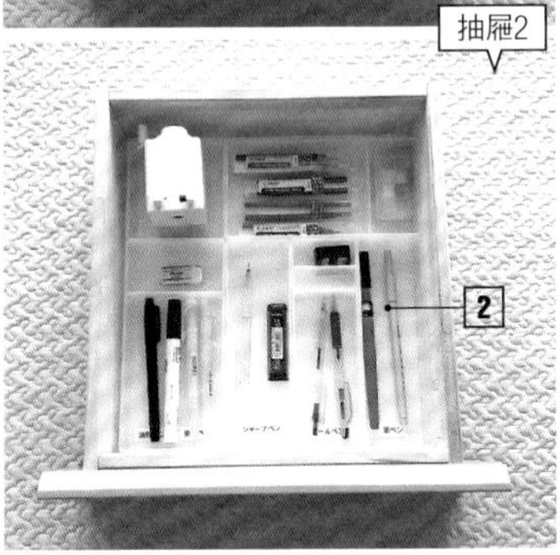

1 PP抽屜整理盒（2）
約10×20×4cm
價格：190日圓

2 PP抽屜整理盒（3）
約6.7×20×4cm
價格：150日圓

喜歡的飾品整齊漂亮收進抽屜。

我用壓克力盒用灰絨內盒收納飾品。以前雖然會用百圓商店的收納用品，但現在無印良品的這種內盒看起來高級、摸起來舒服，所以就換成這個了。用這個收納用品，感覺飾品都高級了不少。

雖然飾品收在客廳的櫥櫃裡，不過內盒剛好吻合抽屜尺寸，拿取時非常方便。灰絨內盒材質柔軟，無論飾品材質如何都不會傷到，是能溫柔收納飾品的優異產品，我真的很喜歡。

→mari_ppe___女士

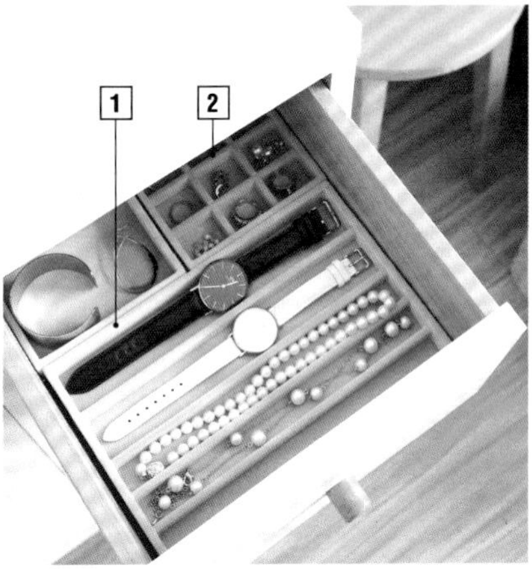

1 壓克力盒用灰絨內盒／大／項鍊收納
約寬23.5×深15.5×高2.5cm
價格：990日圓

2 壓克力盒用灰絨內盒／15小格
約寬15.5×深12×高2.5cm
價格：990日圓

東西輕鬆拿開放式收納注意不要塞得滿滿滿。

如果要說怎麼樣才算是方便的收納方式，那就是拿東西時動作少、不要塞太滿、收拾夠簡單這些要素了。打開門，拉開抽屜，2個動作搞定。重要的是盡可能減少需要花費的動作，隨時都能輕鬆維持有條不紊。

客廳的開放式櫃子擺放無印良品的「檔案盒」跟「小物收納盒」，只要拉開抽屜一個動作，就能拿東西放東西。其他也都用同一種商品收納的話，外觀整齊劃一，看著心情也好。開放式櫃子雖然方便，不過要保持整潔並不容易。當初還沒使用檔案盒時，整理東西得花費不少力氣。抽屜裡面的物品依不同種類分開，可以保留多餘的空間。

→ayakoteramoto女士

1

PP立式檔案盒／A4／白灰
約寬10×深32×高24cm
價格：690日圓

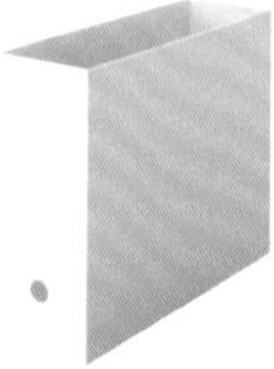

2

PP小物收納盒／6層／A4
約寬11×深24.5×高32cm
價格：2490日圓

收納資料和消耗品庫存一起收是不二法門。

我們家的資訊站。這個收納空間裡集中了所有的資料和日用品的庫存。這是考慮到就算我不在家，先生也能自己找到東西才規劃的收納處。裡頭收了像衛生紙和棉被各式各樣的東西。

資料的收納特別有所要求，檔案盒外貼上標籤標明內容物，裡頭收著什麼一目瞭然。所以我們家從來沒有人問「東西在哪裡？」少了滿多負擔。就算碰到客人突然來訪，也能拉上簾子擋住，不必擔心讓人瞧見，可以放一百二十個心。

→ayumi女士

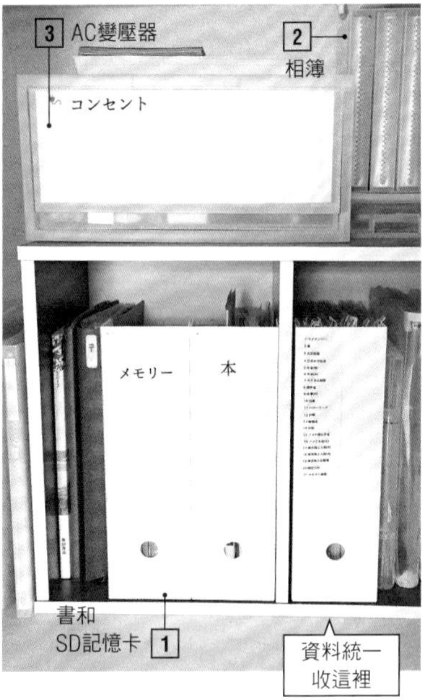

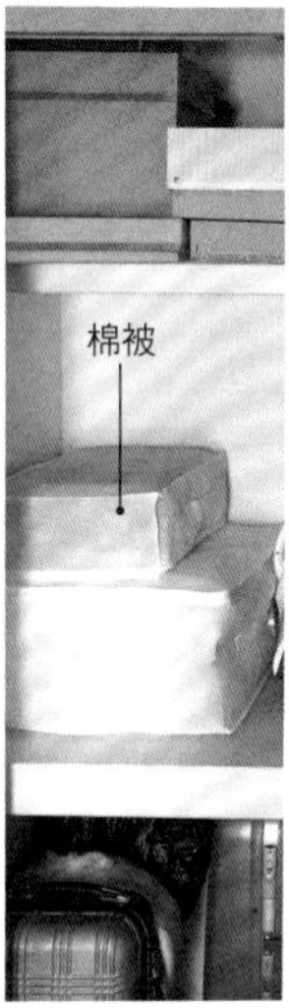

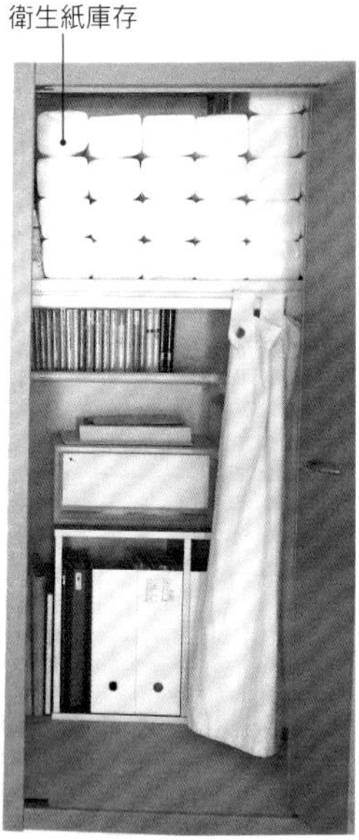

1

PP立式檔案盒／斜口／A4／白灰
約寬10×深27.6×高31.8cm
價格：690日圓

2

PP高透明相本／3×5吋／2段／136張用×3冊
價格：990日圓

3

PP資料盒／橫式／深型
寬37×深26×高17.5cm
價格：1090日圓

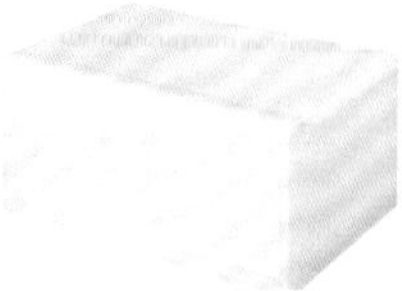

整理桌子要決定好東西固定位置就能維持整潔。

桌子附近有很多小東西，想保持整齊乾淨的秘訣，就是先決定好抽屜裡面哪個東西固定放哪裡，收拾的時候能馬上收好。貼上標籤會提升「收在這邊」的意識，可以避免東西拿出來就沒收回去。每個東西都規劃好該放的地方，先生似乎也有所適從，東西不再亂放。想要維持家裡的整潔，必須全家人同心協力，所以重要的是找出對彼此來說都好辦的方法。

使用化妝盒和抽屜整理盒，將收納空間再細分，從小東西到大東西都好放。而更大的東西剛剛好適合化妝盒的大小。這些用品的高度很好放進抽屜，用起來十分方便。

→mayuru.home女士

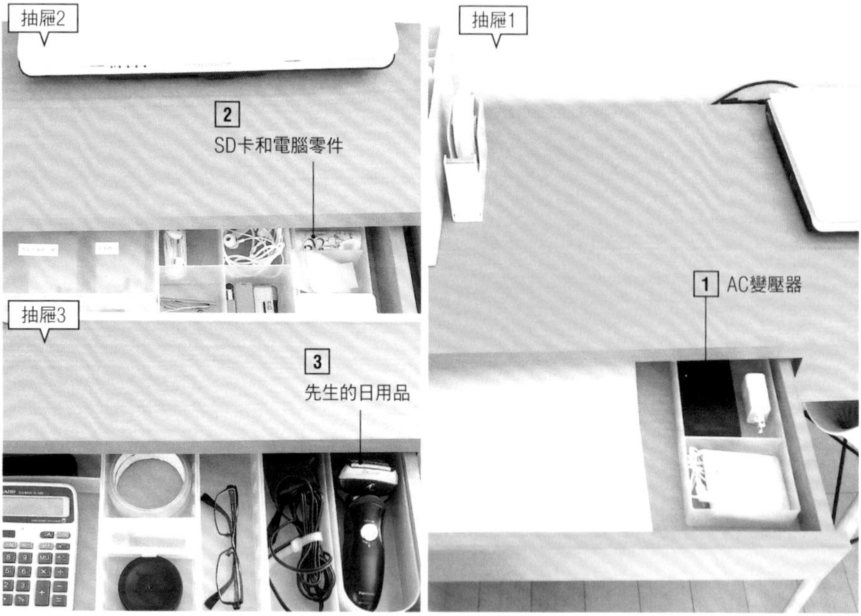

1

PP抽屜整理盒（2）
約10×20×4cm
價格：190日圓

2

PP抽屜整理盒（3）
約6.7×20×4cm
價格：150日圓

3

PP化妝盒1/4縱型
約寬7.5×深22×高4.5cm
價格：150日圓

抽屜收納仔細分類 東西好拿又好收。

櫥櫃的抽屜裡面用整理盒劃分區塊，上層的抽屜放常用的東西。如遙控器、筆記用品、除毛球機、相機、芬香噴霧器用香精油、常備藥品。

下層抽屜放的全是女兒的東西。像她會在幼稚園拿到信，抽屜裡就放了回信用的書信用品，還有讀書用具也都統一收在這裡，可以隨意打開抽屜把東西拿出來寫信、念書。為了讓女兒自己也方便拿這些東西，我們稍微移動了擺放位置，當然也徹底保持抽屜內整齊。

→yu.ha0314女士

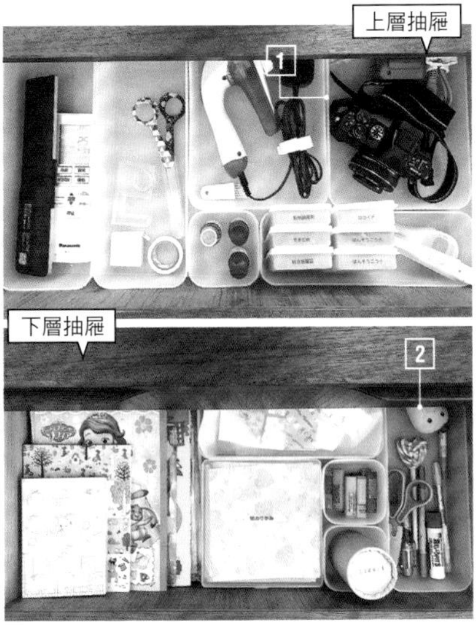

1 PP整理盒3
約寬17×深25.5×高5cm
價格：190日圓

2 PP整理盒2
約寬8.5×深25.5×高5cm
價格：150日圓

每天用的東西 集中在手提收納盒。

不知道該放哪好的遙控器，就集中用手提收納盒收好。常用的眼鏡也放在一起。即便裡頭積了灰塵，只要拿去沖一下水就能洗乾淨，這麼輕鬆也很叫人開心。

→pyokopyokop女士

PP手提收納盒／寬／白灰
約寬15×深32×高8cm
價格：990日圓
（含提把高度13cm）

喜歡的圍裙用 磁鐵掛鉤掛好！

我最愛這一牌的圍裙。厚厚的棉質、加上大大的口袋，真的很棒。掛在磁鐵掛鉤上，隨時都可以看到它。可以黏在任何地方的掛鉤真的很方便呢。

→DAHLIA★女士

鋁製掛鉤／磁鐵式／大／2入
約寬5×高7cm
價格：390日圓

家裡最喜歡的收納空間就是亮晶晶的廚房。

這裡是整個家裡我最愛的畫面。雖然不是刻意去做什麼擺飾，但我最近才發現，廚房的配色就只有木頭色、不鏽鋼色、黑色和白色……。

廚房裡用白灰色的盒子來收納調味料。盒子重量輕，可以輕鬆拉出來使用。IH爐下方的不鏽鋼層架上加裝專用的網籃進行收納。第1層放廚房用具，而乾貨等常用的東西則放第2層，要用的時候馬上可以拉出來，非常方便。

不鏽鋼材質不易腐鏽，非常適合用於廚房。右邊的層架也是用無印良品的高46cm型的SUS不鏽鋼層架組合而成。

→lokki_783女士

1 PP立式檔案盒／寬／A4／白灰
約寬15×深32×高24cm
價格：990日圓

2 SUS追加網籃／不鏽鋼／56
價格：3290日圓×2

3 SUS追加棚／不鏽鋼／2S／寬56cm用
價格：3490日圓×2

4 SUS追加用側片／不鏽鋼／迷你／高46cm用
價格：2790日圓×2

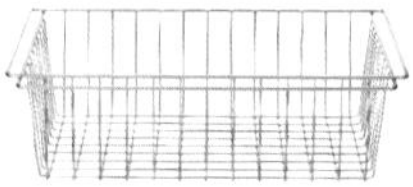

毛巾掛鉤用單手取下單手裝上。

廚房小東西很多，得花費一番心力才能整理好。整理時，常用的東西就用磁鐵掛鉤掛起來，用完後馬上掛回去。我們把掛鉤黏在冰箱旁，可以隨時拔下來。現在是用來當作日用品的收納區，掛著剪刀和隔熱圓墊、袋子等各種東西。這種方法也不容易藏汙納垢，非常推薦大家使用。

特別是廚房的毛巾，只要掛在這邊就好！要拿要放都很簡單，一隻手就能更換完畢，所以我毛巾每天換得很勤。因為毛巾掛得比較裡面，所以目前還沒掉下來過。大家務必嘗試嘗試。

↓阪口Yuko女士

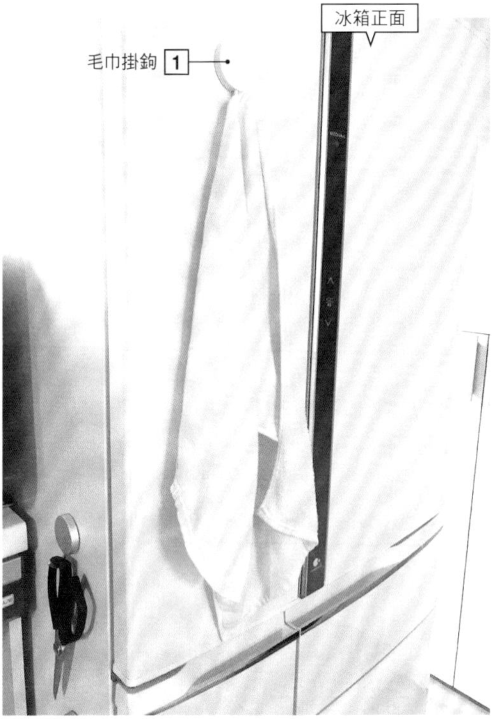

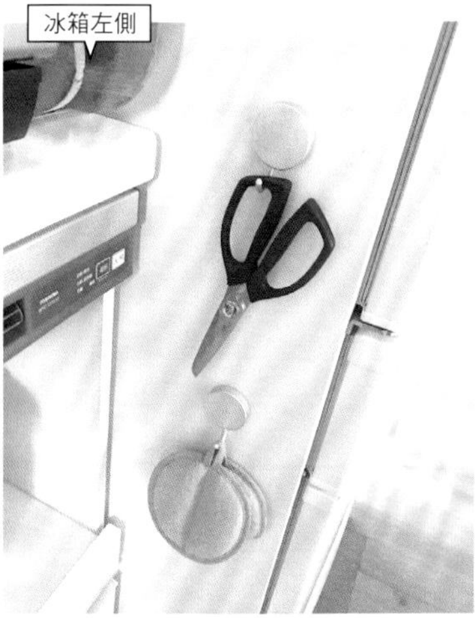

※照片中為舊款商品

1

鋁製掛鉤／
磁鐵式／
大／2入
約寬5×高7cm
價格：390日圓

餐具櫃裡用盒子做整理 拿東西時一個動作搞定。

今天剛好有時間，所以我清出所有餐具，把櫃子整個擦過了一遍。如果不定期這樣清理，很容易積灰塵。

我不確定我們家餐具的數量到底算不算多，不過用盒子整理集中放一起，拿的時候還滿輕鬆的。尤其無印良品的托盤夠大，高度也很方便拿來收碗。

另外，左邊則統一放常用的餐具。重點不在於餐具數量多寡，而是如何在有限的空間裡面調整出一個能俐落拿取碗盤的收納方式。

→mayuru.home女士

1 PP整理盒3
約寬17×深25.5×高5cm
價格：190日圓

2 PP整理盒2
約寬8.5×深25.5×高5cm
價格：150日圓

用喜歡的托盤 讓早餐也變得別緻。

最近兒子開始會自己用手抓東西起來吃了，在旁邊照顧他時也終於可以趁空檔吃頓像樣的早餐。我會用木製托盤增添早餐時些許的樂趣。現在使用的這種木頭質感我非常喜歡。

→kumi女士

木製方形托盤
約寬27×深19×高2cm
價格：1490日圓

狹窄的廚房空間裡就用夾子懸吊收納。

狹窄的廚房空間就連要攤開食譜都很不容易。但不鏽鋼絲夾非常好用，可以把食譜夾起來，看著做菜。其他像是廚餘袋和廚房紙巾也可以用夾子夾起來，真的幫了我不少大忙。

→ayumi女士

不鏽鋼絲夾／4入
約寬2×深5.5×高9.5cm
價格：390日圓

廚房收納就靠3種物品簡單搞定。

廚房水槽底下的收納用品為3種無印良品的商品：「檔案盒」「整理盒4」「廚房道具架」。全部使用無印良品的東西，設計風格統一，添購時既簡單又方便。由於這些道具可以用在各種地方，所以我用得非常放心。

至於各種物品的收納內容物，檔案盒裡面放鍋蓋，整理盒裡面放菜刀和剪刀、筷枕、開罐器等，道具架則收著夾子和一些廚房用具。米白瓷的廚房道具架重量足、夠穩，放各種東西進去也不必擔心倒掉，我非常中意這點。陶瓷用品真的很棒呢。

→ayakoteramoto女士

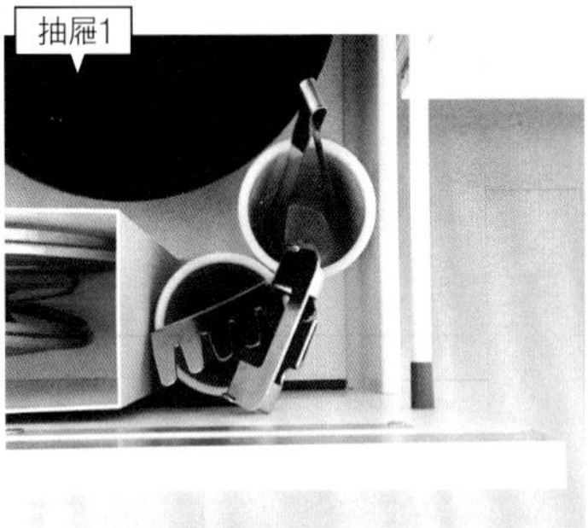

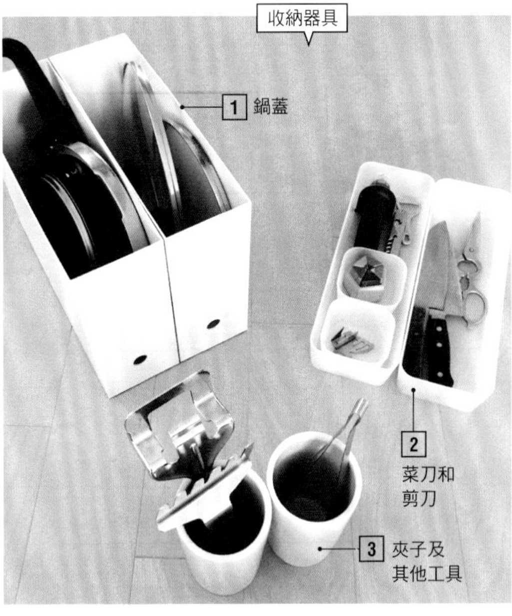

1

PP立式檔案盒／A4／白灰
約寬10×深32×高24cm
價格：690日圓

2

PP整理盒4
約寬11.5×深34×高5cm
價格：150日圓

3

米白瓷廚房道具架
約直徑9×高16cm
價格：890日圓

籃子裡把保存期限較長的食品集中起來保管。

我們家食品的儲備方法其實非常粗略，就是控制有辦法管理的籃子數量，讓人能隨時清楚掌握儲備狀態。

這裡使用無印良品的椰纖編籃來收納。手編的椰纖維材質透氣性佳，用來存放保存時間較長的食品。為了不讓收納用品在客廳變得太突兀，也使用了蘋果木箱，跟椰纖編籃的質感很搭，我很喜歡這種整體感。

收納的東西分成調理包、罐頭、調味料、乾貨4個種類。調理包和罐頭也可以當作緊急糧食，需要定期食用更換新的。所以期限快到時，就從箱子裡面拿出來擺在看得見的地方。

→DAHLIA★女士

1

可堆疊椰纖編長方形籃／大
約寬37×深26×
高24cm
價格：1690日圓

2

椰纖編長方形籃／用蓋
約寬37×深26×高2cm
價格：390日圓

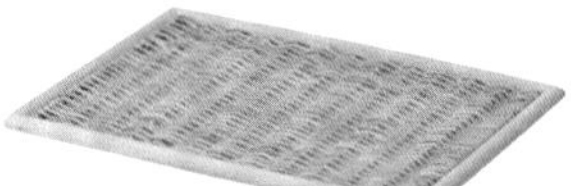

水槽下的收納用檔案盒劃分空間。

水槽下的收納空間裡有很多形狀大小都不一樣的調理器具，非常難整理得有條有理。

於是，我們使用無印良品的檔案盒來達到隔板的功能。使用的尺寸有寬型跟普通型兩種，較大的濾網等用具放在寬型檔案盒，較小的不銹鋼盆和檸檬榨汁器等器具就放進普通型。放不進檔案盒的東西就直接擺著，左右兩側再用檔案盒隔開，也可以達到區隔效果。

淺底抽屜用化妝盒裝瓦斯罐以及濾油器的濾網、紙盤、吸管等小東西。這樣子東西就不會亂七八糟，用起來十分順手。

→pyokopyokop女士

1

PP立式檔案盒／寬／A4／白灰
約寬15×深32×高24cm
價格：990日圓

2

PP立式檔案盒／A4／白灰
約寬10×深32×高24cm
價格：690日圓

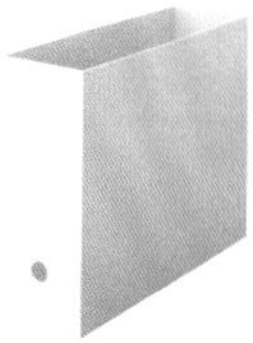

3

PP化妝盒1/2
約寬15×深22×高8.6cm
價格：350日圓

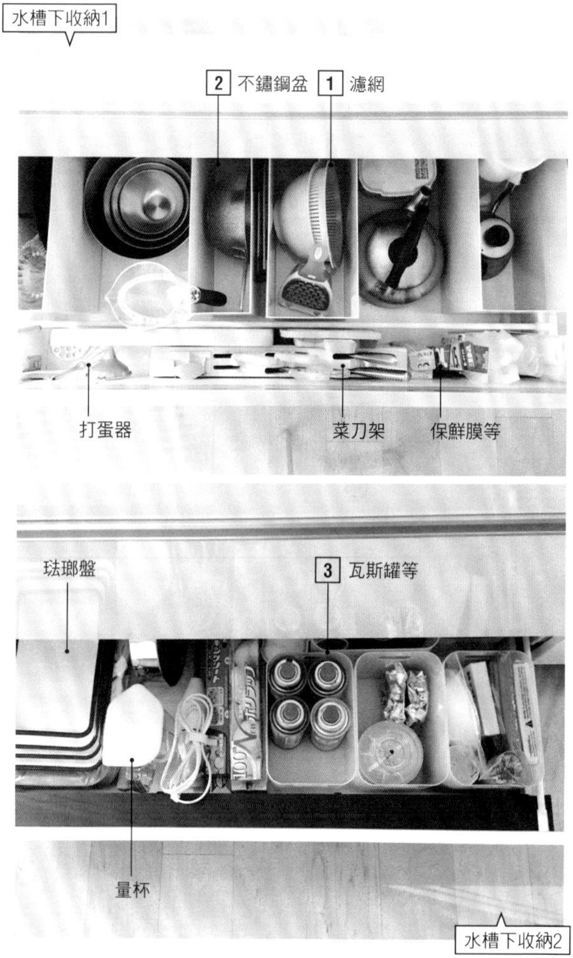

抽屜一拉，馬上就能找到要拿的廚房用品。

廚房裡組合使用無印良品的SUS不銹鋼層架收納網籃來放置料理工具。為了讓區隔更清晰可辨，選用半透明的化妝盒系列產品以及百圓商店的商品，抽屜一拉開看得一清二楚。我追求的是拿時收時都方便的收納方式。

如果是稍微有高度的東西，用化妝盒裝起來會很方便拿取。另外，比較大的東西放在金屬托盤上，便於拿取。

→lokki_783女士

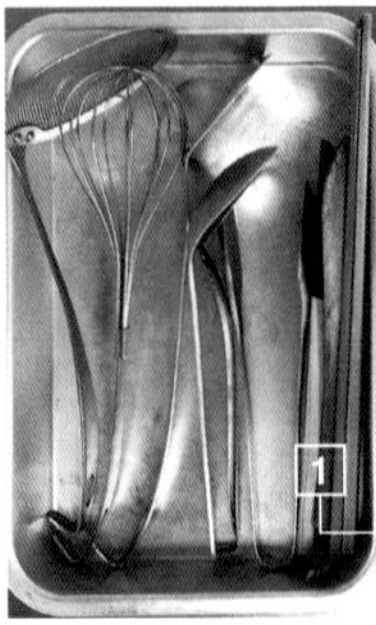

1

PP化妝盒／
刷具、化妝筆筒
約寬7.1×深7.1×
高10.3cm
價格：150日圓

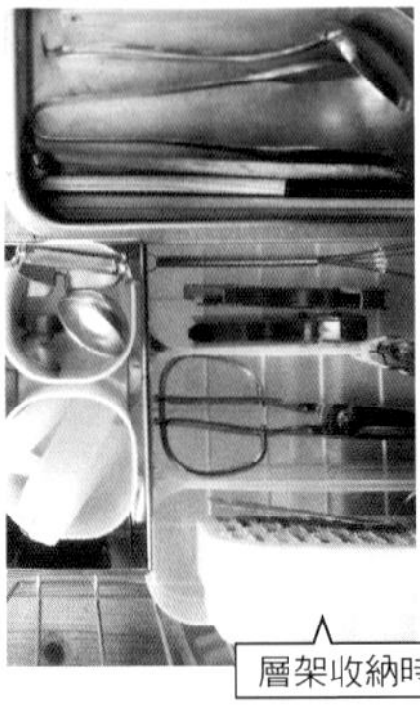

從外面看不見內容物的吊櫃貼上標籤清楚明瞭。

吊櫃的橫幅較寬，如果直接把小東西丟進去根本就沒辦法整理。我們家的吊櫃也很寬，而且沒有隔板。

要讓東西看起來清楚明瞭，最好用的就是檔案盒。檔案盒上寫清楚內容物，決定好收納位置就能簡單整理完畢。而且檔案盒可以立起來放，裡面有什麼都一目瞭然。這裡主要用來收納相對來說重量輕的乾貨和未開封的粉類、乾麵等食品。因為檔案盒是紙做的，就算掉下來也不會釀成什麼大災害，可以安心使用。

→pyokopyokop女士

1 易折疊厚紙板檔案盒／
5入／A4用
價格：890日圓

抽屜裡的餐具也用盒子整理得條理分明。

餐具種類繁多，尺寸也各有異同，可說是抽屜收納的大敵。所以要仔細一項一項分類，好好分開整理。

無印良品的整理盒有4種款式，可以配合不同種類的餐具。細長的筷子和湯匙、筷枕以及橡皮筋等廚房用的小東西都能分開來收。特別是正方形的整理盒1用來收小東西再適合不過，我們家是用來放牙籤和擠花嘴。

要清理抽屜時，也只要把整個盒子拿出來就可以簡簡單單擦拭。這個方法真的省下許多麻煩。

→meg女士

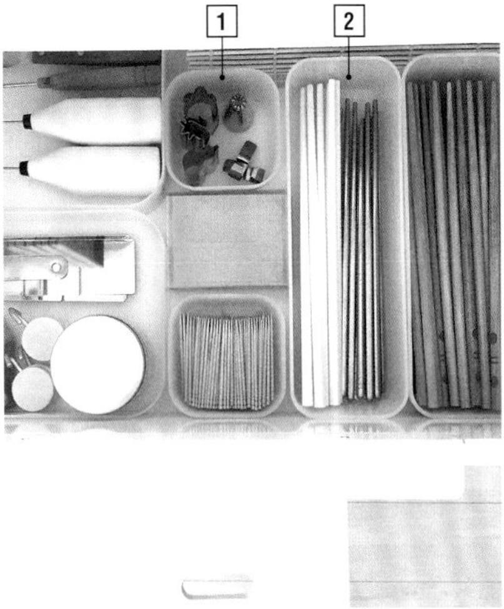

1 PP整理盒1
約寬8.5×深8.5×高5cm
價格：80日圓

2 PP整理盒2
約寬8.5×深25.5×高5cm
價格：150日圓

讓孩子也能幫忙收拾餐具要集中收納。

家裡有小孩的話，就會需要一些兒童餐具。雖然孩子會幫忙把餐具拿出來，但似乎很難拿好全家人的份，所以我就試著把全家人的餐具集中放在一個收納盒裡看看。

以前我是依不同種類將不同餐具收在各個整理盒裡面，不過現在變成只需要拿出這一盒就能完成飯前準備。這樣做，孩子想要幫忙也不難。

廚房用具的收納我們也比照辦理，現在收納留了一些多餘空間。過濾出幾種類別，然後盡量擺得好用好拿。

→nika女士

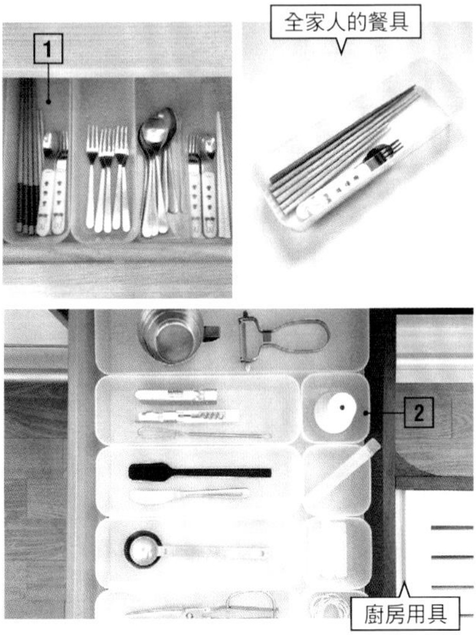

1 PP整理盒2
約寬8.5×深25.5×高5cm
價格：150日圓

2 PP整理盒1
約寬8.5×深8.5×高5cm
價格：80日圓

髒了也只要用水沖一沖就能一直保持乾淨的萬能間隔板。

我們家水槽底下有個很深的抽屜，裡面用髒了也能馬上洗乾淨的無印良品檔案盒、還有壓克力間隔板來劃分空間。

各種鍋子的大小都不一樣，所以使用有一定變動彈性的間隔收納法非常方便。壓克力間隔板的設計非常穩定，不容易倒下，方便拿來當作調理器具架。還有，鍋子放進較大的檔案盒，就不需要再另外用板子區隔，也可以減少浪費掉的空間。雖然廚房環境容易髒，不過這兩種產品都可以直接拿來洗，就算髒了也能輕鬆清乾淨。目前的方式可能還不是最好，我想再多花點心思找出更方便的收納方式。

→pyokopyokop女士

1

壓克力間隔板／3間隔
約寬13.3×深21×高16cm
價格：1190日圓

2

鋼製書架隔板／小
寬10×深8×高10cm
價格：190日圓

3

PP立式檔案盒／寬／A4／白灰
約寬15×深32×高24cm
價格：990日圓

多煮的飯塞進盒子製作成相同大小的冷凍飯糰。

要冷凍多煮的飯時，在無印良品的整理盒1裡鋪好保鮮膜，可以做出相同大小的飯糰。這麼一來，就能在冷凍庫的整理盒裡面放著大小恰到好處的飯糰。新做的飯糰從後面開始擺，要吃的時候從前面開始拿，避免浪費。容易亂七八糟的冷凍庫裡面也更方便整理。

吃的時候只需要直接把保鮮膜包著的飯糰丟進微波爐解凍，比放在保鮮盒還能減少浪費，真的很好用。

→nika女士

1 PP整理盒1
約寬8.5×深8.5×高5cm
價格：80日圓

2 PP整理盒2
約寬8.5×深25.5×高5cm
價格：150日圓

流理台的洗手乳換個瓶裝，看起來整整齊齊。

洗手乳的容器大小基本上都不一樣，所以改用無印良品的PET慕斯瓶裝。大小、設計相同，流理臺看起來整整齊齊的真好。

→meg女士

PET慕斯瓶／透明／400ml
價格：390日圓

用可以橫放的瓶子節省冰箱的佔用空間。

無印良品的壓克力冷水筒有一個放茶包的濾網，要把茶包拿起來時很方便，而且水筒本身還可以橫放，超好用！可以因應冰箱內容的變化改變擺法，所以我們非常愛用。

→lokki_783女士

壓克力冷水筒／2L
價格：790日圓

廚房的抽屜用壓克力間隔板立著放就對了！

廚房的抽屜很大，可以收納不少東西，但因為抽屜本身沒有任何隔板，所以可以花一點心思來劃分使用空間。

我用無印良品的壓克力間隔板將平底鍋立起來收納。壓克力間隔板用在下面照片中的正前方和後方共2個，雖然同樣都是3間隔，但寬度分成2種。比較寬的（後方）用來收納平底鍋等鍋具，比較窄的（正前方）用來收玉子燒鍋和迷你平底鍋、鬆餅鍋等器具。無印良品的化妝盒則可以拿來收保鮮膜盒和洗碗機用的清潔液、氯系漂白水。抽屜裡面的東西都有固定擺放位置，收納清潔都簡單。光是統一使用無印良品的收納用品，就能讓收納的模樣變得整齊俐落。

→meg女士

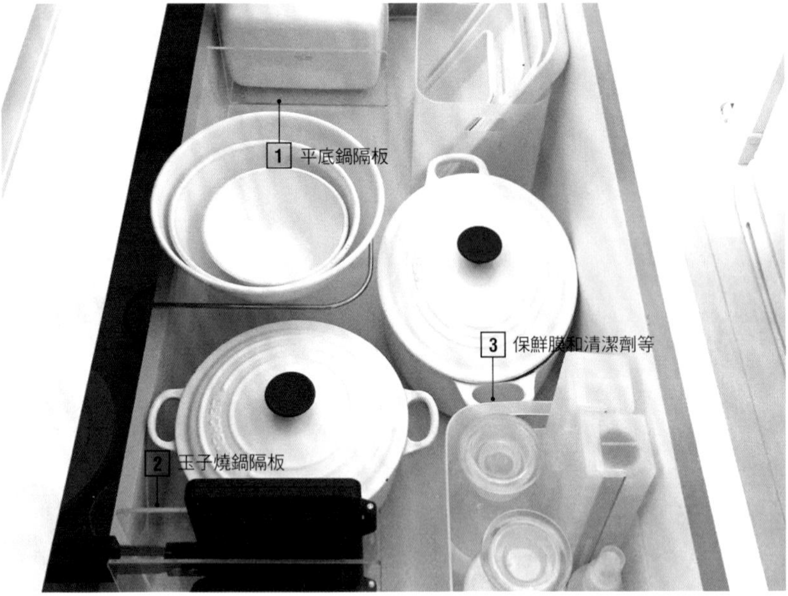

1

壓克力間隔板／3間隔
約寬26.8×深21×高16cm
價格：1490日圓

2

壓克力間隔板／3間隔
約寬13.3×深21×高16cm
價格：1190日圓

3

PP化妝盒
約寬15×深22×高16.9cm
價格：450日圓

不好堆疊的盤子用壓克力隔板架要你好看。

形狀各異的盤子收納實在是一大煩惱來源。如果硬是要全部疊在一起，不僅難看，也可能會敲到，最糟糕的情況就是破掉。

於是我試著使用無印良品的壓克力隔板架，成功增加放盤子的空間，而且還能讓同種類的器皿堆疊在一起，呈現有條有理的收納狀態。由於隔板架是壓克力製的，不會看不到盤子，更棒的是還可以讓整體視覺上整齊美觀。充分達到好找好拿的效果。

→yu.ha0314女士

1 壓克力隔板
約寬26×深17.5×高10cm
價格：590日圓

玄關到房間之間設置托盤出門帶的小東西就不會弄丟。

一開家門就想趕快卸下的家裡鑰匙跟手錶，集中放在托盤上就不會這裡丟那裡放。把放置處設在位於玄關跟房間之間的廚房，就能養成習慣，漸漸不會再忘東忘西。

→ayumi女士

木製方形托盤
約寬35×深26×高2cm
價格：1990日圓

細長的廚房用品放進廚房道具架可以節省空間。

料理長筷和鍋鏟等細長的廚房用品有很多。水槽下的收納空間高度充足，把這些廚房用品立起來放的話可以節省不少空間。由於道具架本身重量夠，可以插入不少工具，因此我買了好幾個。

→yu.ha0314女士

米白瓷廚房道具架
約直徑9×高16cm
價格：890日圓

用冷水筒來製作簡單水高湯的高效率技巧。

多人因為早上忙，沒時間跟家人一起吃早餐。就連這麼說的我，除了假日之外也幾乎沒有空準備高湯。所以我只有在假日會搬出這種方法來萃取水高湯。雖然只是用浸泡的，但味道可一點也不馬虎喔。

使用的器具為無印良品的冷水筒。

水高湯的作法族繁不及備載，我們家用的是1公升的水比喜歡的材料（小魚乾、柴魚、昆布等）10～20公克（照片右上），放進冷水筒的茶包濾網中浸泡（照片右下）。材料的量跟種類可依各自喜好調整。因為這是水高湯，不需要事先把小魚乾做其他處理。

準備好之後晚上放進冰箱（照片左），隔天早上就完成了。

→mayuru.home女士

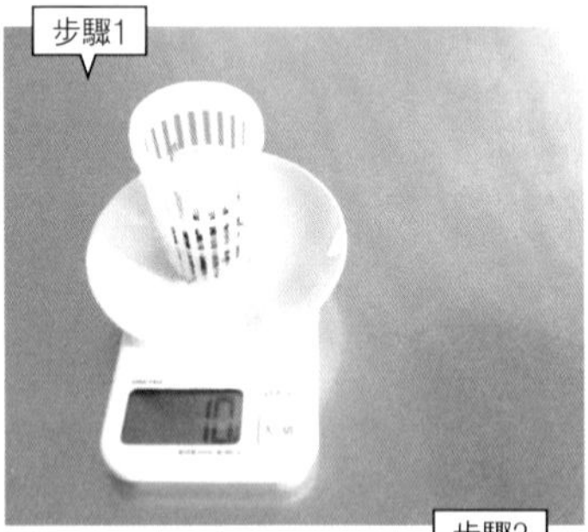

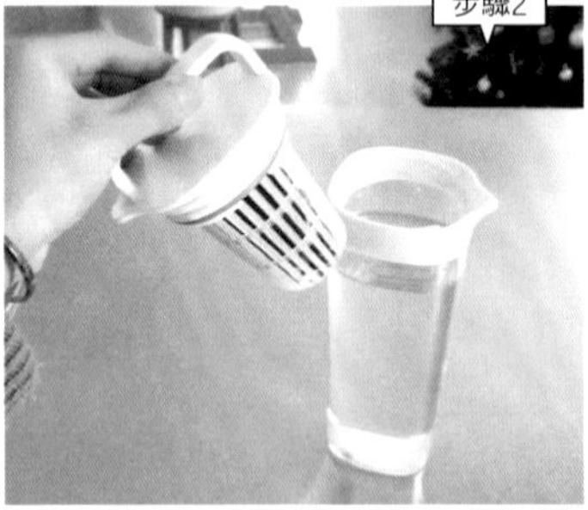

1

壓克力冷水筒／1L
價格：690日圓

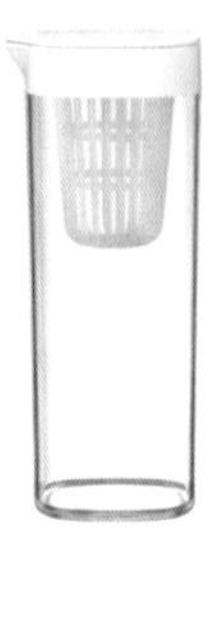

涼拌小菜放保存容器裡面拌就能大幅減少要洗的碗盤。

一直以來我們家都是先在大碗裡面把小菜拌好後，才裝到無印良品的密封保存容器裡面。可是洗碗跟換容器都是一道手續，所以後來就直接改在容器裡面拌了。由於大碗的使用頻率大幅降低，也可以重新調整需要的數量。小菜拌好後蓋上蓋子，放進冰箱冷藏就大功告成。

容器的尺寸分成大中小3類，不會擠壓到冰箱空間，非常方便。這種容器不僅可以直接拿去微波，還能看清楚裡面裝的東西，我非常喜歡。

→DAHLIA★女士

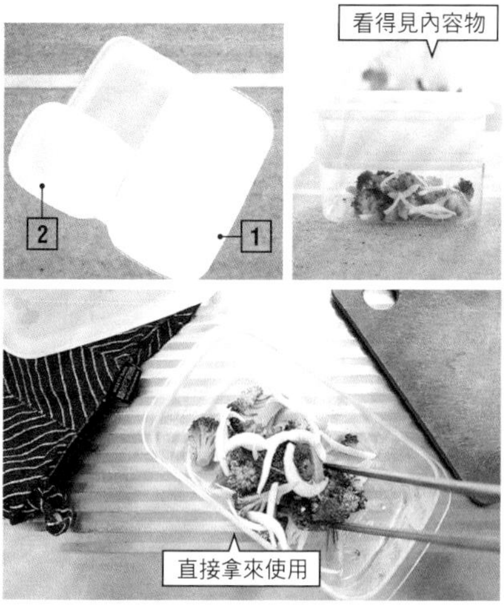
看得見內容物
2
1
直接拿來使用

1 可微波密閉式保存容器／中 約寬12×深20×高5.5cm 價格：790日圓

2 可微波密閉式保存容器／小 約寬9.5×深12.5×高5.5cm 價格：490日圓

想把垃圾袋收得漂漂亮亮就掛上懸掛資料夾。

為了更輕鬆拿出垃圾袋，我們改變了一點收納方式。

使用無印良品的懸掛資料夾，把垃圾袋依種類分別掛起來收納。我們家會在垃圾桶底部墊報紙，所以也會把報紙收在一起。廚房的流理台下方有空位，這些東西就收在那邊。東西擺在廚房，要拿的時候直接從上方取出袋子，節省了不少時間。

順帶一提，我自己用的是家裡多出來的檔案盒，如果使用無印良品的檔案盒應該會更合適。

→mayuru.home女士

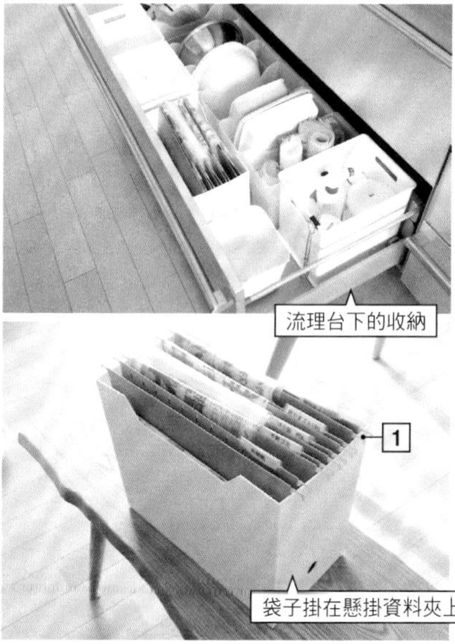
流理台下的收納
1
袋子掛在懸掛資料夾上

1 再生紙懸掛資料夾／A4／附標籤索引／5入 價格：490日圓

用品設計統一打造出方便清理的衛浴空間。

我們家的衛浴間使用無印良品的牙刷和牙刷架。洗手台上都是白色的物品，而透明的牙刷是我們的愛用品。每個家人的用品都能各自準備，非常衛生，而且打掃起來也方便，簡直無可挑剔。洗手乳也裝進PET補充瓶，藉此統一所有用品的設計，讓人看了心情好。

水槽下面的收納空間，用化妝盒來收毛巾和廁所衛生紙。現在收廁所衛生紙的架子對孩子來說太高，拿不到，所以才會在這邊也設置一處。盒子是白色半透明的，所以我們也很注重透出來看到的顏色同樣要是白色。

→meg女士

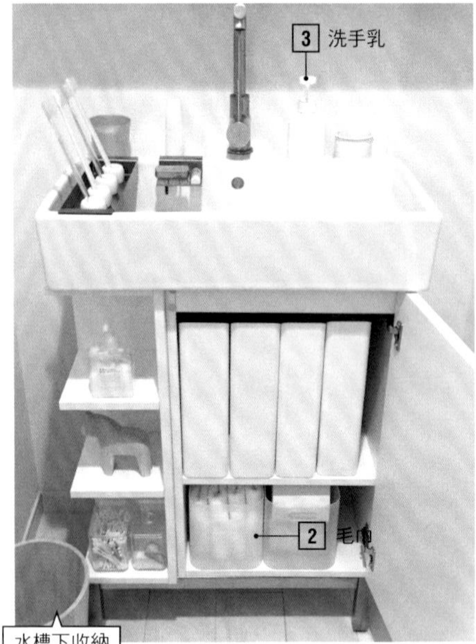

1

白磁牙刷架／1支用
約直徑4×高3cm
價格：290日圓

2

PP化妝盒
約寬15×深22×高16.9cm
價格：450日圓

3

PET補充瓶／
白／400ml
價格：250日圓

高處門櫃的收納用好拿的有把手收納用品。

我們住的公寓的衛浴間，在高處有一個收納空間，最上層的部分我如果不踩椅子就搆不到。所以這裡都收一些比較不常用到的口罩和廁所地墊。

第2層放化妝盒，並仔細做好各種物品的分類。由於容器是半透明的，一看就知道裡面收什麼東西，這一點很棒。順帶一提，裡面放的是蠟燭跟無印良品的面紙。第3層則是使用頻率較高的無印良品牙刷儲備品。我非常喜歡他們這種透明的設計。

其他還有像是毛巾就跟廚房的收納方式一樣，放在化妝盒裡面。化妝盒可以收在任何地方，而且要拿東西的時候整盒拿出來也很方便。

→meg女士

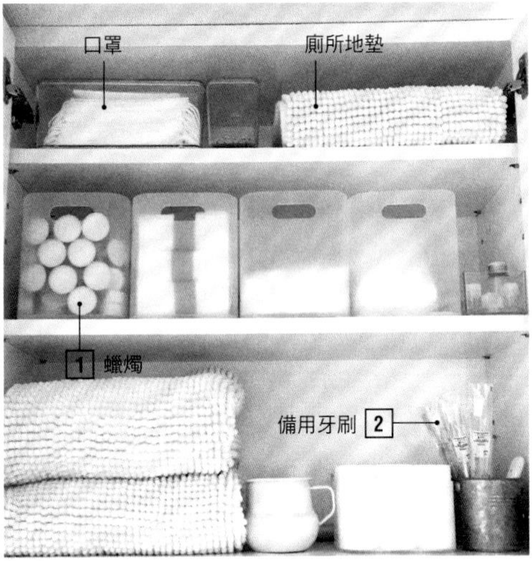

高處門櫃的收納

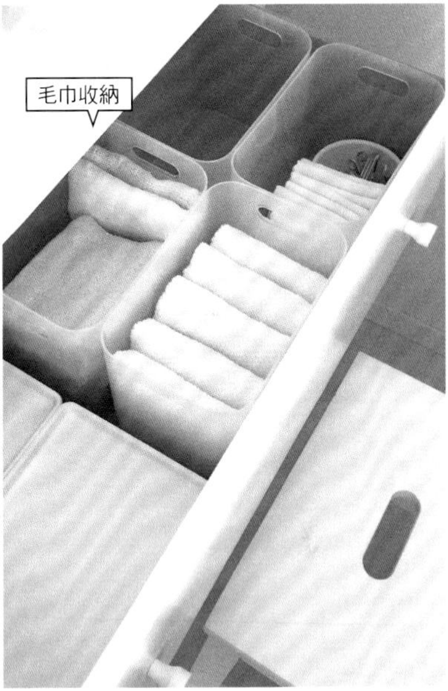

1

PP化妝盒
約寬15×深22×高16.9cm
價格：450日圓

2

牙刷（極細毛）／
透明／全長18cm
價格：290日圓

想要把浴巾收整齊 不鏽鋼收納籃美觀好用。

衛浴間應該是我在整個家裡數一數二不喜歡的地方，所以我想要把它變得討人喜歡些。

衛浴間裡放東西很容易弄得濕答答的，也很容易髒掉，所以我盡可能減少擺出來的東西。但是，我還是很喜歡能把浴巾收得漂漂亮亮的不鏽鋼收納籃。這種網籃只要提起來，灰塵就會掉落，方便清潔，就算放的是毛巾也能保持衛生。

另外，唯一一件算得上家具的板凳也是我很喜歡的東西。洗衣服時可以拿來暫時放洗衣籃，等烘乾的時候也可以坐著，就算是不喜歡的空間也可以舒適待著。→yu.ha0314女士

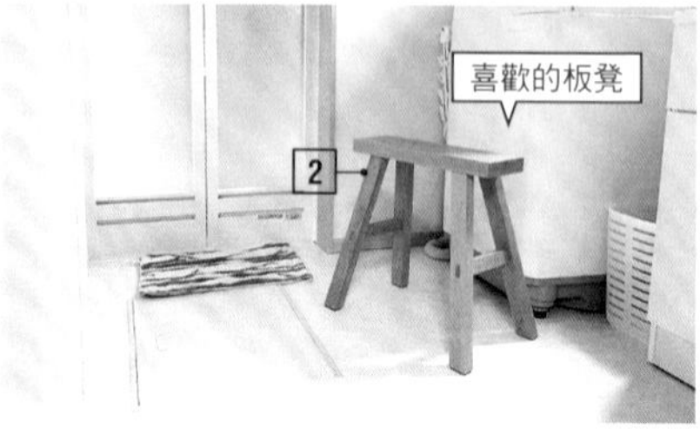

1 18-8 不鏽鋼收納籃3 約寬37×深26×高12cm 價格：2290日圓

2 無垢材板凳／橡木／小 寬48.5×深30×高44cm 價格：8490日圓

任誰都會的抽屜收納 用盒子來創造固定位置。

如果直接把吹風機和熨斗丟在抽屜，很容易弄得亂七八糟的，所以要規劃收納方法。我們使用高度不高的大型整理盒，大小剛好，東西用完後可以整盒直接放回抽屜。

較小的化妝盒裡放變壓器和指甲維護用品、充電器等東西。化妝盒可以依據東西大小分開收納，實在太令人開心了。

就算像我這樣怕麻煩的人都可以輕輕鬆鬆保持條理分明，我想這種收納方法任何人都能輕易辦到。

→mayuru.home女士

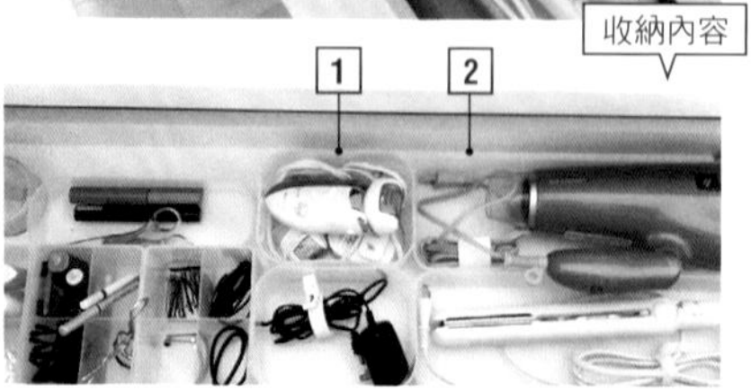

1 PP化妝盒1/2橫型 約寬15×深11×高8.6cm 價格：190日圓

2 PP整理盒4 約寬11.5×深34×高5cm 價格：150日圓

昏暗的收納空間就需要LED感應燈！

衛浴間用不鏽鋼收納籃簡直絕配。可以剛好把面紙和廁所衛生紙等較大的物品收起來，減少占空間的感覺。只要整個籃子拉出來，隨時方便添加庫存。

除此之外，這個地方原本沒有燈具，加上無印良品的感應式LED燈後，一開門燈也同時開啟，變成明亮的收納空間。找東西拿東西都輕鬆許多。收納空間改頭換面，之後也打算繼續沿用這個方法。

→nika女士

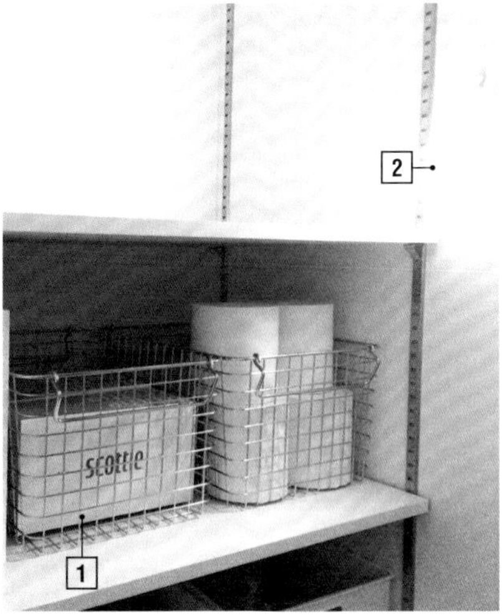

1 18-8
不鏽鋼收納籃4
約寬37×深26×高18cm
價格：2590日圓

2 LED感應式掛燈
型號：JSL-51
價格：2490日圓

使用便利的掛鉤可以在任何地方吊掛整理。

無印良品的毛巾架搭配毛巾架用掛鉤，就能一口氣設置5個掛鉤。現在我都把廚房工具集中掛在冰箱旁邊。

→DAHLIA★女士

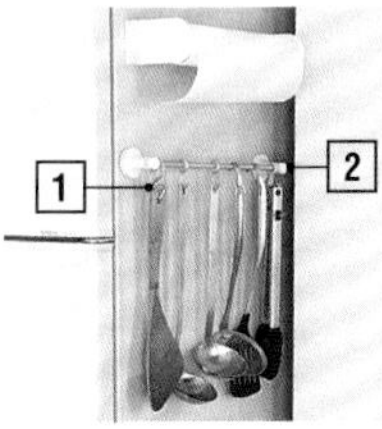

1 鋁製毛巾架用掛鉤／5入
約高4cm
價格：390日圓

2 鋁製毛巾架／磁鐵式
約寬41×深5cm
價格：1190日圓

比起讓空間變昏暗的壁架有輪子的收納用品更能簡單清掃。

我們家廁所以前是用壁架來收納，可是這樣很容易讓廁所光線變暗，所以我下定決心改用附輪子的收納箱。由於打掃的時候可以移動，我覺得搞不好比想像中方便得多了。

→DAHLIA★女士

PP附輪收納箱1
約寬18×深40×高83cm
價格：3190日圓

小東西放在毛巾架上乾燥效果一級棒！

每天會在浴室和衛浴間用到的東西，如果直接放在架子上的話很容易堆積污垢，衛生方面堪憂。特別是濕濕的東西更讓人擔心。

於是我們想出用無印良品的毛巾架來擺放的收納法。把毛巾架上下顛倒裝設，掛毛巾的部分往下扳，這麼一來就會變成和牆壁垂直的狀態（照片右中）。變成這樣後，就可以用來掛一些輕巧的東西，稍微有點重量的東西也可以放在彎曲處上。這種用法跟產品本身使用目的不同，所以大家要嘗試的話請自行承擔任何後果。

我在浴室用了這個方法後，擺在地上的東西減少，浴室地板乾得更快，也大大減少了發霉的情況。後來忍不住把老公的刮鬍刀也用磁鐵掛鉤掛起來了。

→DAHLIA★女士

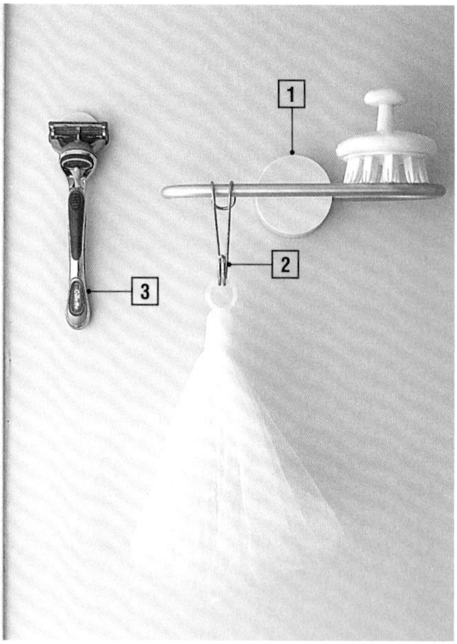

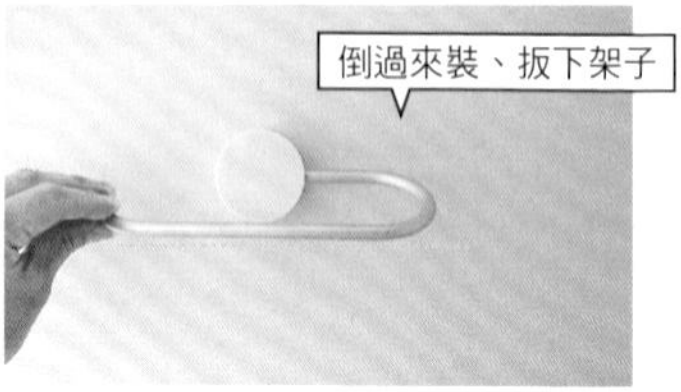

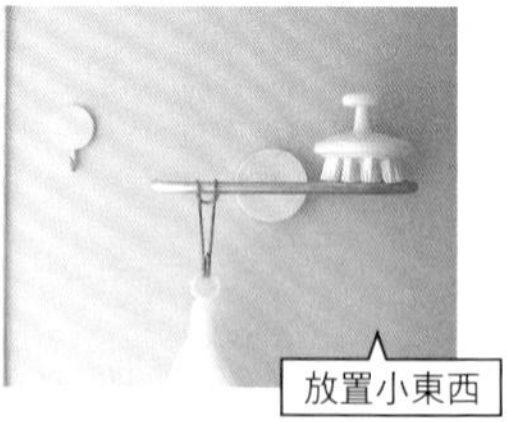

1

鋁製毛巾環／磁鐵式
約寬18.5cm
價格：890日圓

2

掛鉤／防橫搖型／大／2入
約直徑1.5×2.5cm
價格：350日圓

3

鋁製掛鉤／磁鐵式／小／3入
約寬3.5×高5cm
價格：390日圓

不想要瓶罐底下變得滑滑黏黏 就用吊掛式收納來解決！

我們家的洗髮精和PET補充瓶收在籃子裡掛在牆上。一般放在架子上，瓶罐底部會變得滑滑黏黏的，不過這樣收納就沒有這個問題了。不過我現在是用1個掛鉤勾住5個瓶罐（雖然照片看不清楚，但後面還有1瓶。）考量到安全問題或許2個掛鉤會比較穩定。各位如果要嘗試請自行承擔後果。

至於卸妝油等條狀物品也用鋼絲夾吊起來，極力減少擺在浴室地板上的東西。

→yu.ha0314女士

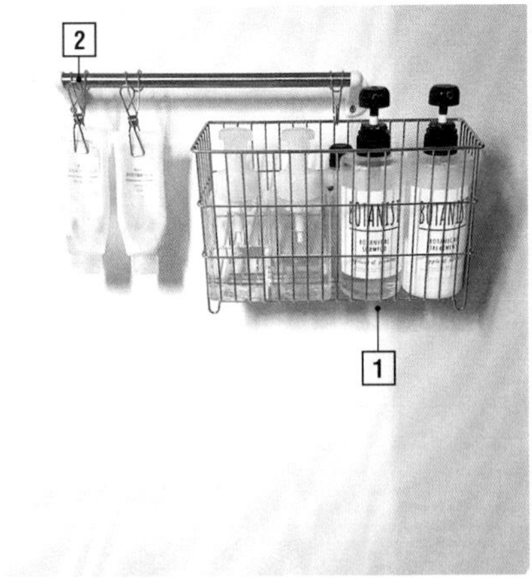

1 不鏽鋼收納籃／寬30cm
約寬30×深13×高18cm
價格：2290日圓

2 不鏽鋼絲夾／4入
約寬2×深5.5×高9.5cm
價格：390日圓

浴室裡的瓶瓶罐罐 整合樣式，看起來整齊俐落。

PET補充瓶不太容易損壞，所以我這次是隔了五年才重新換過一批補充瓶。

統一使用無印良品的商品，所有瓶罐都是四角形設計，方便收納。透明的瓶罐裝先生的清潔劑、白色的裝我的。先生想從瓶子的顏色來區別內容物，而我想讓瓶罐清一色呈現白色，這麼做就可以滿足各自的需求。孩子用的瓶罐上，為了幫助辨別，會在護髮乳的那一罐上加一個辨識環。

全部擺在一起，看起來整齊俐落，令人滿足。之後也打算一直使用這些東西。

→阪口Yuko女士

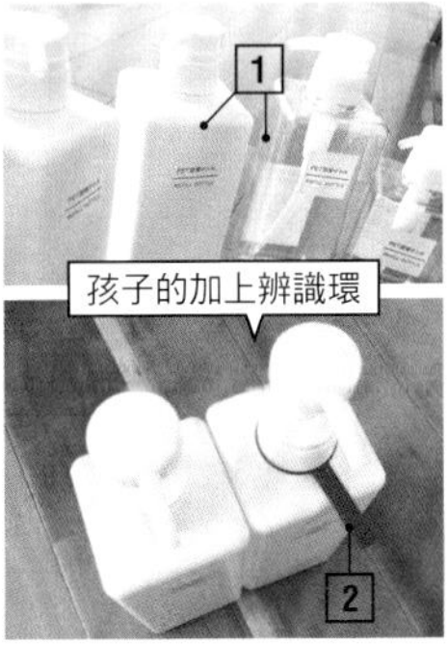

1 PET補充瓶／
白＆透明／600ml
價格：290日圓

2 PET補充瓶用辨識環／
4色入／
400ml、600ml用
價格：250日圓

當作整理練習仔細分類的整理托盤。

孩子天天都在長大，但現在的年紀還是處處需要父母的幫忙。考慮到配合孩子的成長速度，雖然也可以用一些無趣的袋子來進行收納，但我想從現在開始教孩子做整理。所以，文具用品我都集中放在手提收納盒裡。

無印良品的手提收納盒裡面沒有隔板，所以我使用抽屜整理盒來區分各式文具。仔細做出隔間，小小的橡皮擦和細長的色鉛筆分開收好。由於用品外觀設計相同，收進盒子裡面看起來也不突兀。另外，容易剝落的貼紙則收進EVA拉鍊資料夾以免黏得到處都是。

就算孩子成長，也可以靈活變動抽屜整理盒的使用方式，未來怎麼做調整也是件令人期待的事。

→mayuru.home女士

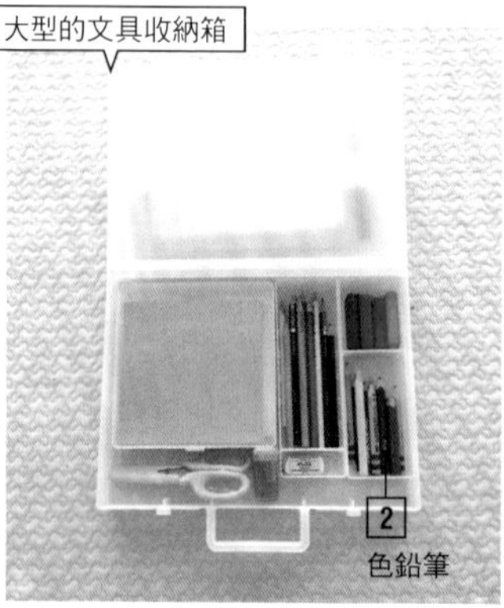

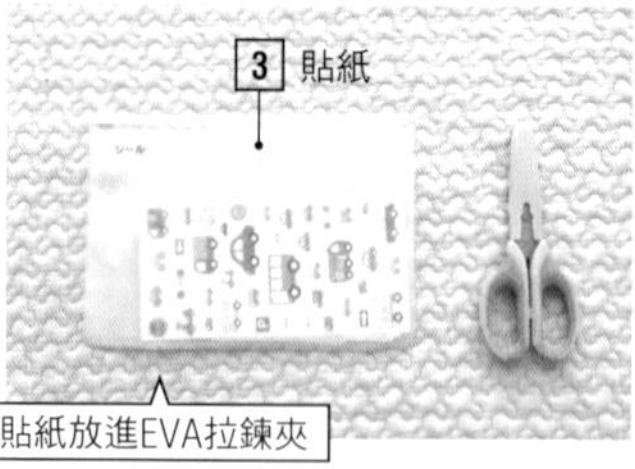

1

PP立式手提收納盒／A4
約長28（含手把）×寬32×厚7cm
價格：890日圓

2

PP抽屜整理盒（3）
約6.7×20×4cm
價格：150日圓

3

EVA拉鍊資料夾／A5
價格：100日圓

大尺寸的容器也能一口氣搞定收納的組合技。

玩偶越來越多，怎麼才能好好收納一直讓我很煩惱。最後想到的方法，就是寬型檔案盒跟手提收納盒的組合技。

不瞞各位，檔案盒和手提收納盒可以疊起來進行收納。下層沒有隔板，可以收娃娃屋等較大的玩具。上層擺的手提收納盒有隔板，方便拿來收納小玩偶跟小東西。

收納其他的玩具時，這個手提收納盒也派上十足的用場。我認為這非常適合拿來收孩子的東西。

→nika女士

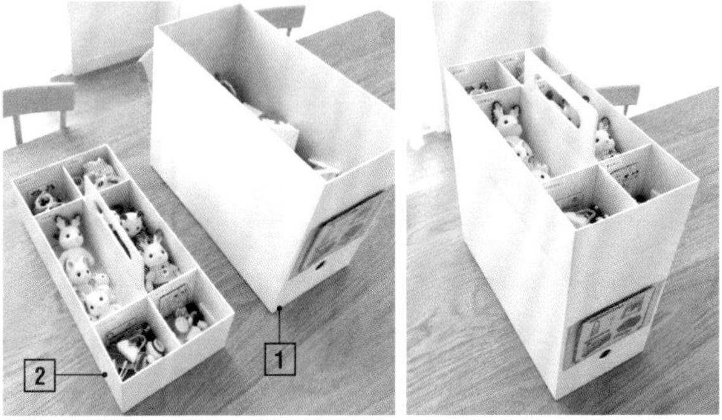

1 PP立式檔案盒／寬／A4／白灰
約寬15×深32×高24cm
價格：990日圓

2 PP手提收納盒／寬／白灰
約寬15×深32×高8cm
（含手把部分高13cm）
價格：990日圓

繪本全部集中管理立起來放清楚明瞭。

孩子的成長速度總是令人驚訝不已，他們越長越大，繪本的種類也不停在改變。

繪本的收納方式是考量到能夠因應年齡增加進行添購，選擇把幾個立式檔案盒靠在一起。這種盒子有一項令人開心的優點，就是摺起來後可以完全變扁平狀，當繪本數量減少時可以把盒子摺好收起來。順帶一提，以前我們是將繪本收在照片右邊的不鏽鋼收納籃，但因為書多到滿出來了，才換成現在這個方法（笑）。一旁還放著尿布，寢室的這一小角落目前就是幼兒專區。

→pyokopyokop女士

1 易折疊厚紙板檔案盒／5入／A4用
價格：890日圓

2 18-8
不鏽鋼收納籃6
約寬51×深37×高18cm
價格：3890日圓

衣櫃裡頭留點空位避免濕氣悶住。

我們家的衣櫃會像這樣留點空位，盡可能把衣服集中在左側。我不想讓濕氣悶在衣櫃裡，所以夏天的時候常常打開衣櫃透氣。除了有客人來訪時，大多時候衣櫃的右半邊會是打開的狀態。東西塞太多也不好看，所以我盡量提醒自己維持現在這種模樣。這麼一來就能創造充足的空間，看起來十分清爽。

下面放的衣裝盒左右兩列款式不同，之後想要改成同款的用品。不過左右兩種用品收納的量也不一樣，我滿擔心之後換掉的話東西會不夠收。至於衣架幾乎都是在無印良品買的，如果光看用品統一的部分，就會覺得整整齊齊的心情很好。

→ayumi女士

衣櫃上面的部分

衣櫃全開

1

鋁製衣架／3支組／寬41cm／4A
價格：290日圓

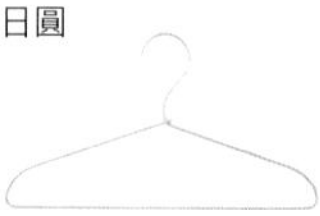

2

PP衣裝盒／大
約寬40×深65×高24cm
價格：1490日圓

全家人的收納用品為DIY和無印良品。

我們家的衣櫥是一個全家人共用的房間。架子是我先生DIY的，至於無印良品的衣裝盒和棉麻聚酯收納箱則是我出的主意。所有衣服都集中在一間房間，收拾起來很輕鬆。

我很喜歡下面衣裝盒這種簡樸的半透明款式，裡面收的是全家人的薄衣物。看到衣服摺得漂漂亮亮，都不禁想稱讚自己也是滿賢慧的嘛。比較不方便掛起來的毛衣、針織衫就放架子上，而衣架上則掛著衣長較長的大衣。

最上面的部分則用無印良品的棉麻聚酯收納箱來收納不太常拿出來的非當季衣物。

雖然全家四口的衣服都收在這裡，空間還是綽綽有餘，可以收納得既漂亮又有效率。→lokki_783女士

1

PP衣裝盒／大
約寬40×深65×高24cm
價格：1490日圓

2

棉麻聚酯收納箱／附蓋／衣物箱
約寬59×深39×高18cm
價格：1990日圓

難以變動的死空間裡也可以把通知單**懸吊收納**。

為了讓孩子的衣櫃能充分收納各種東西，我們有效利用了這個死空間（Dead Space）。

使用不鏽鋼絲夾和伸縮桿，創造印刷品的收納空間。重要的通知單用透明資料夾整理起來，其他的聯絡事項則直接夾起來。雖然夾子能收納的量不大，但比起直接擺放在平面上顯眼多了，也不容易忘記。

毛巾和小東西等就集中放進化妝盒和手提收納盒。這邊怎麼收納真的很頭痛呢。

→mayuru.home女士

1 不鏽鋼絲夾／4入
約寬2×深5.5×高9.5cm
價格：390日圓

2 PP手提收納盒／寬／白灰
約寬15×深32×高8cm
（含手把部分高13cm）
價格：990日圓

用明亮的**鋁製衣架**舒舒服服**試試斷捨離吧**。

今天我為了調整目前的收納，試著對衣服做了斷捨離，覺得不合適的衣服就大刀闊斧丟掉。統一使用鋁製衣架，掛起外套來視覺上明亮，看起來很漂亮。

→meg女士

鋁製衣架／3支組／寬41cm／4A
價格：290日圓

為了讓孩子自己也辦得到**日常收納方式配合著孩子的成長**。

我們調整收納方式，讓孩子上幼稚園前換衣服時能更方便一點。使用不鏽鋼收納籃放包包跟帽子，空下來的地方未來再追加其他東西，大概是這種感覺。雖然尚未完成，但接下來怎麼弄就看孩子的成長了。

→kumi女士

18-8 不鏽鋼收納籃6
約寬51×深37×高18cm
價格：3890日圓

大型衣裝盒內創造可調整的隔間衣服就能整整齊齊。

無印良品的衣裝盒系列商品真的幫了我很大的忙，不過如果買回來就直接用而沒有把空間劃分好來，很容易把衣服塞得亂七八糟。所以我們就要使用專門區隔衣裝盒內空間的道具「可調整高度的不織布分隔袋」。用這個就可以做出衣裝盒內的隔間。

這個不織布分隔袋可以調整高度，方法是撐開後往外摺下去就好，可以反覆進行調整。分隔袋的材質是不織布，不必擔心會傷到衣服。而且還有大中小3種尺寸，可以自由組合出不同的隔法。就算只立著放一件衣服也不會倒下，是一項收納功能非常高的道具。

→ayakoteramoto女士

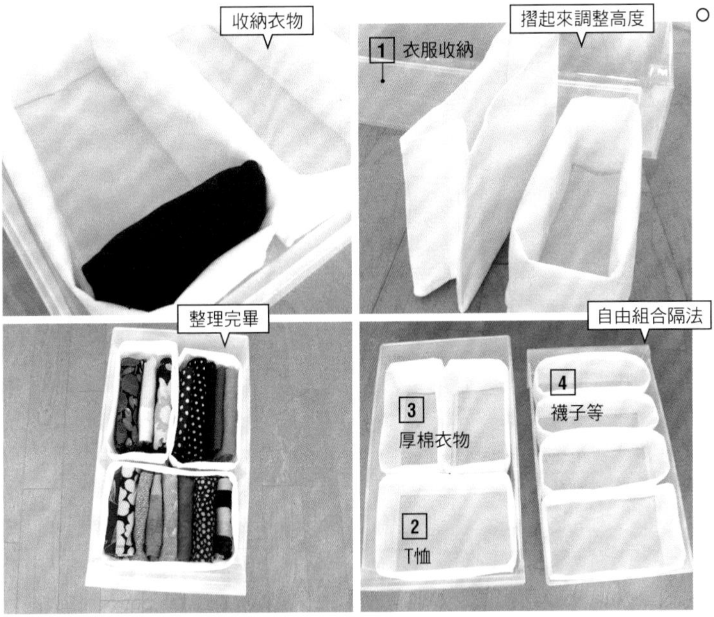

1 PP衣裝盒／小
約寬40×深65×高18cm
價格：1190日圓

2 可調整高度的不織布分隔袋／大／2入
約寬22.5×深32.5×高21cm
價格：990日圓

3 可調整高度的不織布分隔袋／中／2入
約寬15×深32.5×高21cm
價格：790日圓

4 可調整高度的不織布分隔袋／小／2入
約寬11×深32.5×高21cm
價格：690日圓

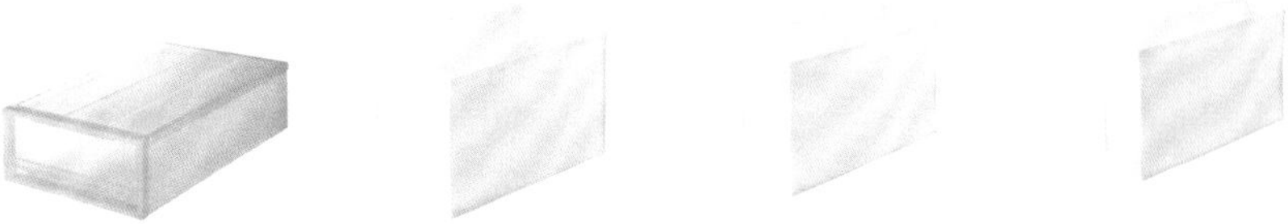

就算突然有人來訪也不必不好意思盒子裡的東西用紙遮起來。

儲藏室裡在視覺上統一使用白色道具。從上面數下來第2層跟第3層所使用的是無印良品的化妝盒，不過這項商品只有半透明的款式。雖然這樣的好處是可以看清楚裡面收納的東西，但同時也有不想讓外人看到的顧慮……。於是，我們想到的辦法就是化妝盒的前面用白色的紙擋住。

首先準備好符合化妝盒正面大小的白色信封袋和膠帶（步驟1）。打開信封的那一面朝外，重疊2張（步驟2）。然後用膠帶黏貼在化妝盒正面內側（步驟3）。結束。會使用信封，是因為要用摺口來擋住化妝盒的邊角部分。

→mayuru.home女士

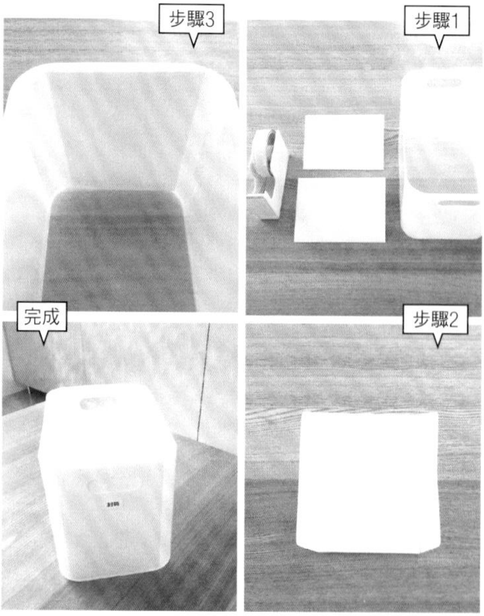

1

PP化妝盒
約寬15×深22×高16.9cm
價格：450日圓

2

PP立式檔案盒／寬／A4／白灰
約寬15×深32×高24cm
價格：990日圓

因應緊急狀況的儲備品用耐壓收納箱集中管理。

走道的收納空間用來收納因應緊急狀況的儲備品。後頭的耐壓收納箱裡集中放水、糧食和簡易廁所。耐壓收納箱顧名思義，非常堅固耐壓，就算人坐在上面也沒事，令人非常安心。相信碰到緊急狀況時一定能充分發揮效果（雖然我也知道最好是不要有它發揮的機會）。

其他軟式收納箱裡則放廁所衛生紙的庫存和非當季的物品，擠滿了整個空間。我還在想能不能把這些東西集中放在一起管理收納。

→pyokopyokop女士

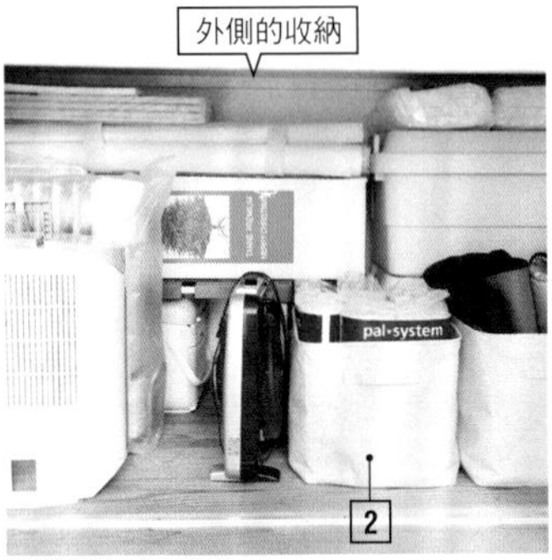

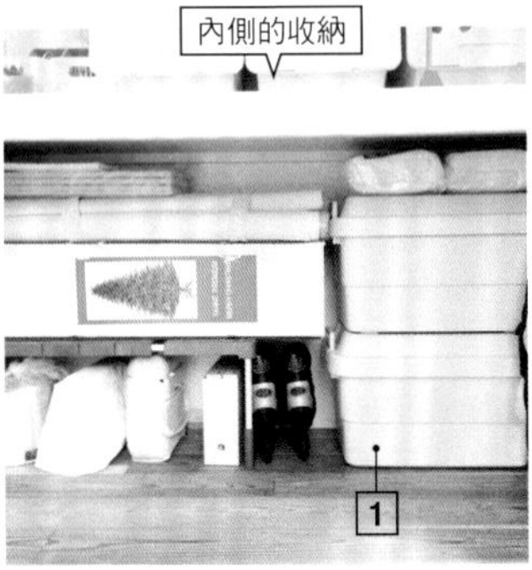

1 耐壓收納箱／大
約寬60.5×深39×高37cm
價格：1790日圓

2 棉麻聚酯收納箱／L
約寬35×深35×高32cm
價格：1490日圓

用4種透明夾鏈袋輕巧收納帶著走。

外出和旅行時，有些小東西帶來帶去很麻煩。全都塞進小小的手拿包裡面也難找，可是又不好全都丟進大包包裡。

我喜愛的一項道具，就是無印良品的透明夾鏈袋。大小分4種，大的底部寬度有加厚，收納量充足，我都拿來放文具用品和化妝用品。小夾鏈袋放飾品，迷你尺寸則當作運動時帶的零錢包。除了這些，夾鏈袋還有很多用法，光用想的都覺得很興奮呢。

→DAHLIA★女士

文具裝好方便帶著走

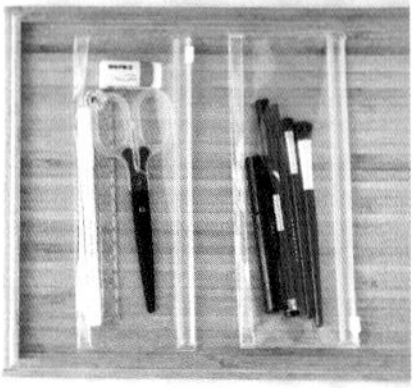

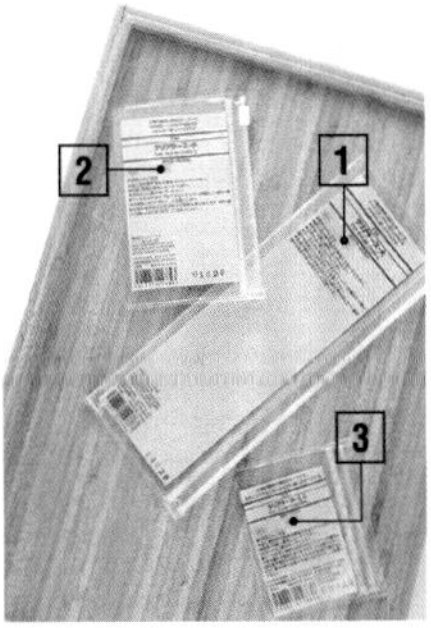

1
EVA透明夾鏈袋／大
約220×85mm
價格：150日圓

2
EVA透明夾鏈袋／小
約120×85mm
價格：100日圓

3
EVA透明夾鏈袋／迷你
約85×73mm
價格：90日圓

回到家裡時就能感到放心的整齊玄關擺設。

玄關是必經之地，所以我盡量注意不讓東西露出來，讓經過的人心情舒服一些。

原本就有的收納用品裡放打掃用具和孩子隔天早上要穿的體育服，要用的時候可以馬上拿出來。至於圍巾和披肩等外出時身上穿戴的單品也用藤編籃收好，把早晨的慌亂程度減到最小。順帶一提，在藤編籃下面的耐壓收納箱放的是緊急狀況所需的防災物品。平時做好準備，真的碰到狀況時就不必太擔心。MDF收納用品我們組合了3層跟1層的款式。木頭紋路非常自然，不過度強調特色，是我們愛不釋手的寶貝。這剛好適合拿來放印章等東西，所以我都放在玄關。

→yu.ha0314女士

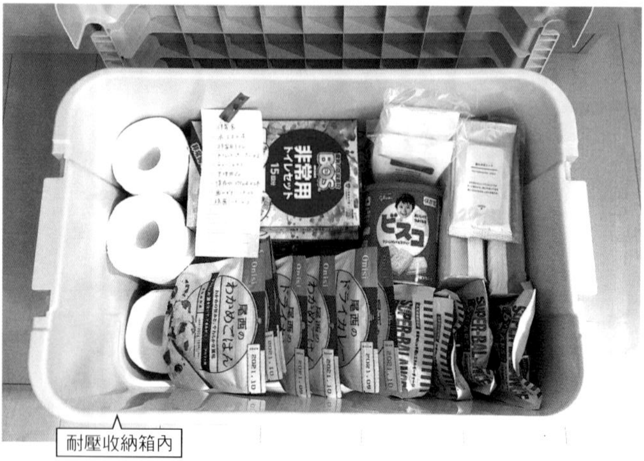

耐壓收納箱內

1

可堆疊藤編長方形籃／小
約寬36×深26×高12cm
價格：2590日圓
※蓋子另售

2

MDF小物收納盒／3層
約寬8.4×深17×高25.2cm
價格：2490日圓

3

MDF小物收納盒／1層
約寬25.2×深17×高8.4cm
價格：1990日圓

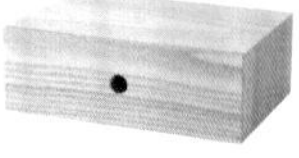

兼具室內裝潢效果 聰明的收納創造雅緻的玄關。

無印良品的MDF小物收納盒和玄關簡直絕配。由於收納盒有1層跟3層的不同款式，可以隨個人喜好使用任一款，也可以2款組合起來使用。盒子本身非常小巧，最適合用在像玄關這種小地方了。而且這種收納盒能收的東西比想像中還多，像我就放口罩、印章、鑰匙等。夏天會用到的一些防蚊液也放在裡面。至於有貨送來時要用的印章放在這裡，拿的時候如果很輕鬆，感覺會十分優雅。

玄關周遭林林總總的小東西都可以收到MDF小物收納盒裡，真的太棒了。

→nika女士

1 MDF小物收納盒／3層
約寬8.4×深17×高25.2cm
價格：2490日圓

2 MDF小物收納盒／1層
約寬25.2×深17×高8.4cm
價格：1990日圓

如果沒有架子 就自己弄一個。

在我猶豫寢室裡面的時鐘該放哪好時，這個壁掛式家具替我創造出一個擺放的地方，解決了這個問題。手機跟香精油也都固定放這邊。

時鐘上面還會顯示溫度，對於健康管理也有莫大助益。

→nika女士

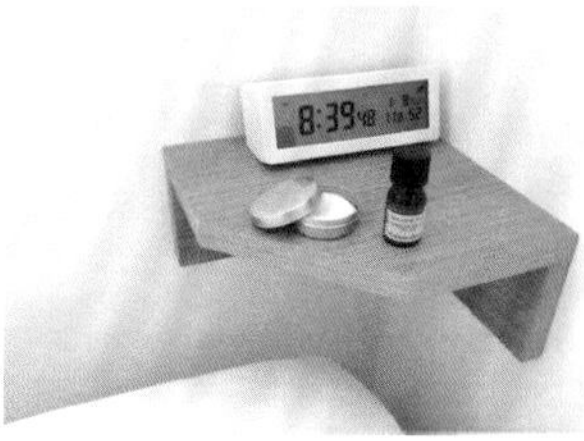

壁掛家具／轉角架／橡木
寬22×深22×高10cm
價格：2890日圓

數位時鐘／附可調整式大音量鬧鈴／白色
價格：4490日圓

避免東西放在地上 使用掛鉤就對了的簡單收納術。

有個掛鉤，一切都頓時變得超方便。這種掛鉤可以養成把包包和帽子掛起來的習慣，家裡的人也漸漸不會把東西亂放在地上了。決定好掛鉤上掛的東西，就能時時做好收納。

→DAHLIA★女士

壁掛家具／掛鉤／橡木
寬4×深6×高8cm
價格：890日圓

無印的收納用品
能夠自由組合使用
創造清爽的收納方式。

我們家雜亂的收納空間，就是這個儲物櫃兼玄關收納。前一陣子才剛把裡頭的東西全清下來把櫃子擦過一遍。不過因為架子上使用許多椰纖編方形籃、不鏽鋼收納籃、化妝盒、檔案盒來進行收納，打掃時沒有想像中那麼費工。

特別是無印良品的收納用品可以配合要收納的東西自由組合使用，就算中間想改變收納方式也可以靈活運用，真的省了我們不少功夫。而且這些用品都設計簡單、顏色又跟白色櫃子很搭，實在棒得沒話說。尤其是椰纖編方形收納籃，看不到籃子裡收的東西，能替收納空間融入一些柔和的感覺。

→pyokopyokop女士

1

可堆疊椰纖編方形籃／中
約寬35×深37×
高16cm
價格：1390日圓
※蓋子另售

2

18-8　不鏽鋼收納籃2
約寬37×深26×高8cm
價格：1990日圓

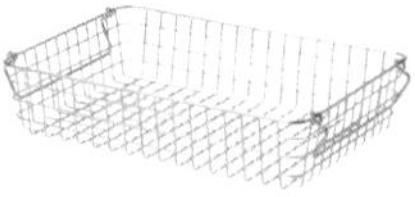

3

PP化妝盒1/2
約寬15×深22×
高8.6cm
價格：350日圓

4

PP化妝盒
約寬15×深22×
高16.9cm
價格：450日圓

5

PP立式檔案盒／寬／A4／白灰
約寬15×深32×高24cm
價格：990日圓

必要的小東西馬上就能找到功能性整理盒。

無印良品的整理盒4大小恰到好處，是我們家整理鞋櫃的一大法寶。

想要放在鞋櫃裡面的東西……比想像中還多很多呢。鞋子的保養用品和摺疊傘、防水噴霧、鞋帶等等。過去我都放在大型木盒子裡面，可是這樣放很難整理。不過放進細長型的整理盒就能自然把東西分成「前面」跟「後面」兩部分了。這麼一來既能看清楚收納的東西，整理也不會太花時間，真的很教人開心。我覺得必要的東西能馬上拿出來這件事情真的很重要。

→ayakoteramoto女士

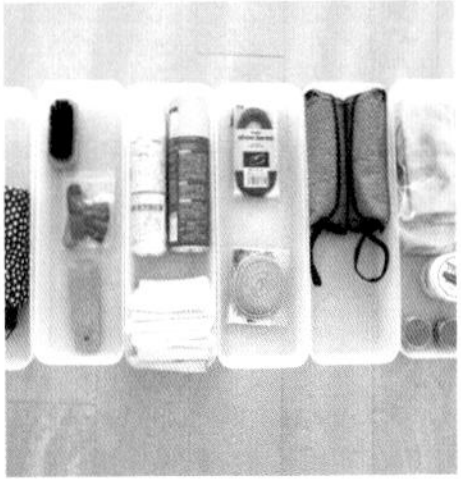

PP整理盒4
約寬11.5×深34×高5cm
價格：150日圓

稍稍調整玄關空間改用籃子收納。

搬到新家1年半了，玄關的收納一拖再拖，最近終於整理好了。這裡本來就放著一些工具跟延長線、卡式爐的瓦斯罐、裁縫道具、燈泡、除鏽劑、吸塵器的床墊吸頭這些雜物，全都是讓我提不起勁的東西。所以想說至少要放進我喜歡的籃子裡，換個心情試試看，所以才選擇購置了無印良品的椰纖編長方形籃。不想讓人看到的東西就放進籃子，雖然裡頭沒有特別整理過，但外觀看起來很整齊，我覺得這樣就很好了。

→meg女士

可堆疊椰纖編長方形籃／中
約寬37×深26×高16cm
價格：1190日圓
※蓋子另售

用看的就覺得很美。想要變得乾淨漂亮首先需要一些「樂趣」。

儲藏室裡面放的是餐具碗盤跟調味料。抽屜式的PP收納盒主要用來收餐具，收的時候盡量同樣東西擺在一起，這麼一來會有整體感，外觀也很好看。抽屜式收納櫃來幾個都不礙事，在收納上可說是大大派上了用場，收拾用完、洗完的碗盤也輕鬆不少。

耐壓收納箱裡面放的是瓦斯爐和啤酒，以及乾貨等調味料的庫存。由於這些東西大小不同，收納時注意要分開來放。

垃圾桶則選擇寬19cm的小巧型，幾桶擺在一起做分類。東西收得乾淨俐落，用起來也會很方便。

→lokki_783女士

1

PP盒／抽屜式／深型／白灰
約寬26×深37×高17.5cm
價格：990日圓

2

耐壓收納箱／大
約寬60.5×深39×高37cm
價格：1790日圓

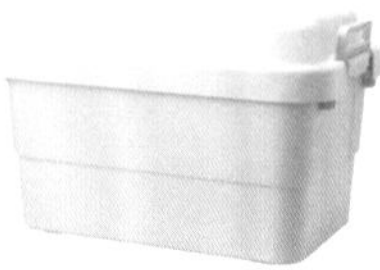

3

PP上蓋可選式垃圾桶／大／30L袋用／附框架
約寬19×深41×高54cm
價格：1490日圓
※蓋子另售

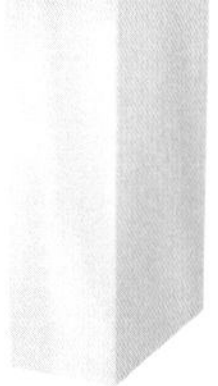

極簡主義者推薦的剛剛好收納。

我們家沒有儲藏間，廚房的空間其實很小。就是因為空間不足，我們才開始使用小型的收納盒。抽屜主要分成4類，分別放罐頭類、瓶類、粉類、乾貨等。做菜時可以馬上拿取，非常方便。

壁掛家具上則擺放我個人喜歡的餐具，既不占位子，看起來又這麼可愛，讓我每次一站在廚房就覺得心情很好。托盤當然也不必多說，可以堆疊，同樣不占空間。使用這些收納用品，桌面上不容易髒，也不必直接把餐具放到櫃子上，好處多多。

正因為空間狹小，各種用品尺寸剛剛好的收納術才能發光發熱。

→meg女士

1

PP盒／抽屜式／深型／白灰
約寬26×深37×高17.5cm
價格：990日圓

2

壁掛家具／箱／88cm／橡木
寬88×深15.5×高19cm
價格：5890日圓

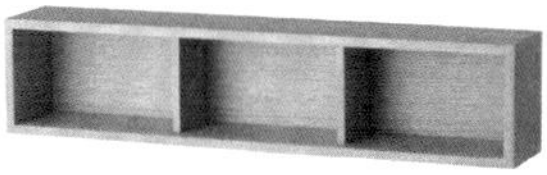

3

木製方形托盤
約寬27×深19×高2cm
價格：1490日圓

「環保過生活」Maki女士來告訴大家

帶來舒適生活的愛用品

Maki女士一家4口過著盡可能減少東西的「不囤物生活」。
在這樣的生活下精挑細選出的少數菁英道具裡頭，就有無印良品的商品。
有助於過生活及做家事的物品裡頭，Maki女士特別推薦哪幾樣呢？

做家事的閒暇之餘喘口氣。清理起來也輕鬆的懶骨頭。 1

「就算沒有大沙發，也能放輕鬆！」Maki女士大力推薦。懶骨頭重量輕，女性要搬動也很輕鬆，打掃的時候可以輕易挪開，非常方便。放在客廳不占位子，只要拆下椅套就能輕鬆清洗，可以維持懶骨頭的乾淨。

懶骨頭沙發／本體
價格：1萬2600日圓
（椅套另售）

椅套可以整個拆下來洗
清潔好輕鬆！

Maki女士本身也有工作，和先生及2位女兒4個人住在一塊。她實行的生活方式為「不需要的東西就不要放家裡」「不做沒效果的家事」，不過她倒是有許多喜歡的無印良品！她帶我們參觀家裡，並告訴我們：「家裡有不少我們好幾年來一直珍惜使用的物品，這些東西外觀簡樸，又容易添購。」本專欄將一件不漏為大家介紹簡約生活達人Maki女士親自用過後覺得「真好用！」的道具。

Profile

簡約生活研究家。現居於東京都。有5歲跟10歲的兩個女兒，和丈夫組成四口家庭。經營超人氣部落格「エコナセイカツ」，介紹許多節省時間和節約能源的生活技巧。並有許多著作，包含《不用做的家事》（すばる舎）、《不囤物生活的愛用品》（宝島社）、《不用做的料理》（扶桑社）（以上皆為暫譯書名）。

既簡約又洗鍊。小物收拾大略做。

2

收納裁縫用品跟工具的鋼製工具箱，平常就放在客廳的電視櫃裡。因為全都是相同的收納用品，外頭可以貼紙膠帶寫清楚內容物。一些雜七雜八的小東西收進裡面，看起來也會變得整齊俐落。

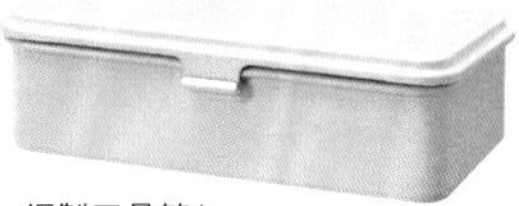

鋼製工具箱1
價格：1190日圓

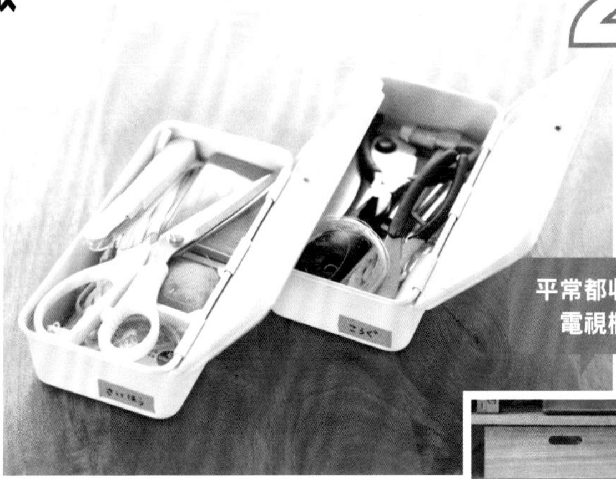

平常都收在電視櫃

3

脫胎換骨 5年來珍惜使用。

過去Maki女士一個人住的時候就喜歡的層架，是他們家資歷5年的選手。「這在我們家也算是特別老的老鳥了（笑）。為了跟其他的家具顏色配合，我們只買了追加的棚架來改裝，營造出一種整體感！」能靈活因應生活量身改造真的是一大優點。

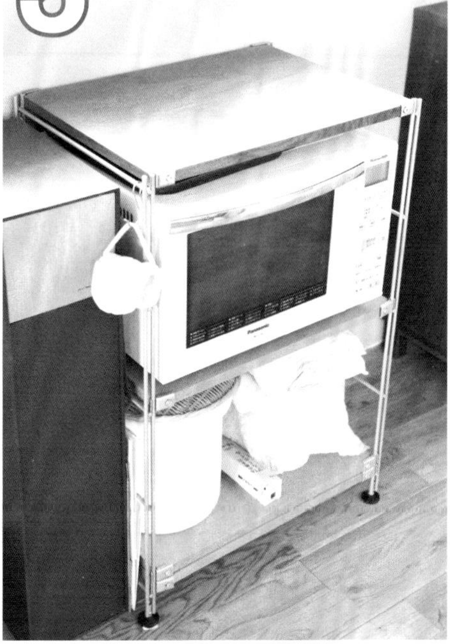

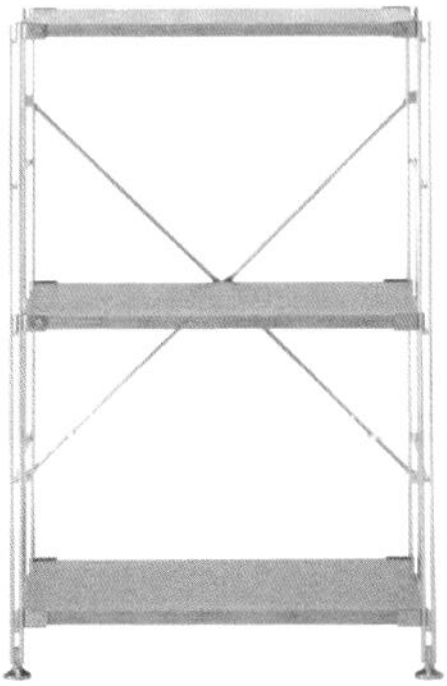

SUS橡木層架組／小
價格：1萬8900日圓

掛鉤／防橫搖型／小／3入
價格：350日圓

4 不管水槽在哪裡 都能搖身一變成收納處。

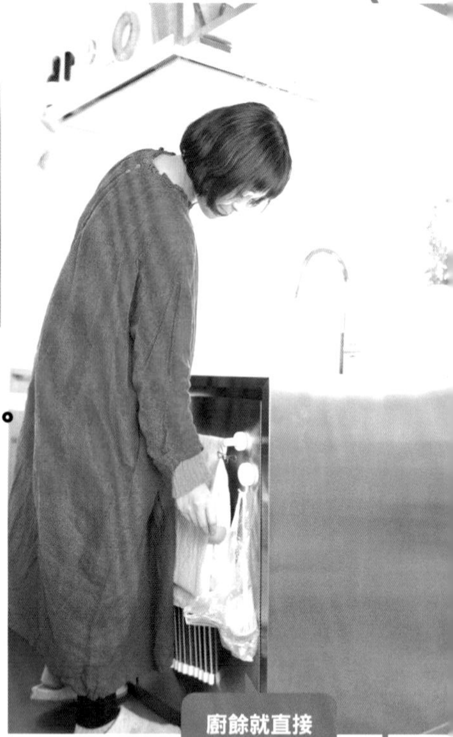

廚餘就直接
丟進廚餘袋

準備磁鐵式的掛鉤和架子，不管不鏽鋼製的水槽在哪裡都能化身為收納空間。掛鉤上掛一個塑膠袋當作廚餘袋，丟的時候就可以整袋丟掉，既衛生又好清理。

鋁製毛巾架／磁鐵式
價格：1190日圓

鋁製掛鉤／
磁鐵式／大／2入
價格：390日圓

料理工具跟餐具 用這東西就能好好收拾。

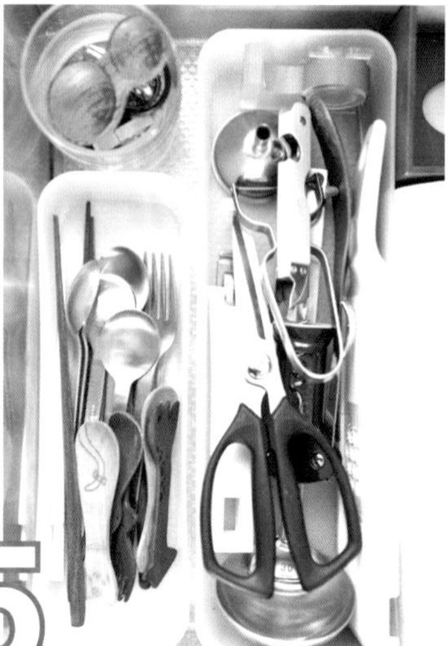

5

廚房的抽屜裡用整理盒跟化妝盒來劃分區塊。並配合東西大小和用途使用不同的整理盒，既方便拿取，PP材質就算髒了也只需要用水沖一沖就乾淨溜溜。

PP整理盒4
價格：150日圓

PP整理盒2
價格：150日圓

Kitchen

6

愛不釋手的標籤用紙膠帶。

紙膠帶和大小適合紙膠帶的小膠台就藏在廚房裡。「我會把紙膠帶貼在果醬跟常備菜餚容器上，所以希望要用的時候能馬上就拿出來，才會收在這邊。」最喜歡的紙膠帶顏色是灰色，漂亮又實用。

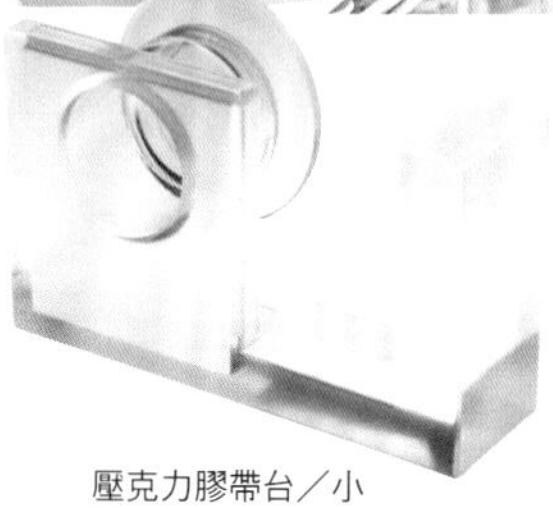

壓克力膠帶台／小
價格：120日圓

和紙膠帶／3色
（暗紅、米、灰）
價格：390日圓

7

碗就只有這些。可以堆疊收納。

碗的數量壓縮到最低限度，一人一個，總共只有4個碗。同系列的東西依據用途可以做不同使用。而且還能堆疊起來，非常省空間。碗的樣式簡單，除了吃飯以外，也可以挪作湯碗跟沙拉碗使用。

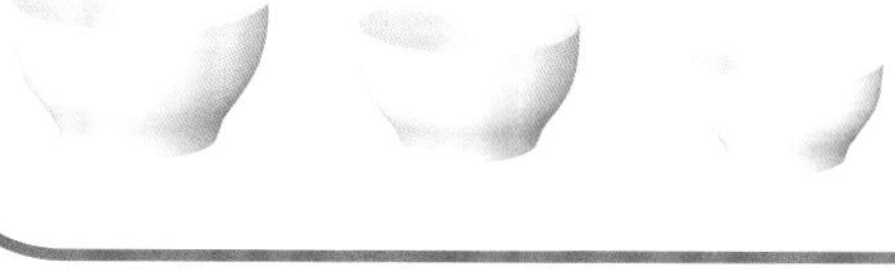

兒童餐具／米白瓷碗
大 價格：550日圓
中 價格：450日圓
小 價格：350日圓

8

打造簡潔俐落衛浴間需要用到的道具。

不用洗衣籃，直接把要洗的衣服放進洗衣網就好。這就是Maki流洗衣術。藤編籃裡面暫時擺放脫下來的睡衣。「從後面的浴室出來後立刻就能換上睡衣，而且使用不透明的用品，外觀看起來也很整齊乾淨。」

球型洗衣網／中／5S
價格：300日圓

9

觀賞植物我偏好放在潔白的陶器裡。

Maki女士喜歡外觀簡樸的陶器盆栽，觀賞植物也很多都是在無印良品購買的。她告訴我們：「這些植物看起來很清爽、很療癒，所以我蒐集了滿多的。」買了一盆，不禁就會想找地方裝飾起來呢。

Lechuza智慧型盆栽的
觀賞植物系列

Sanitary&Clothes

10

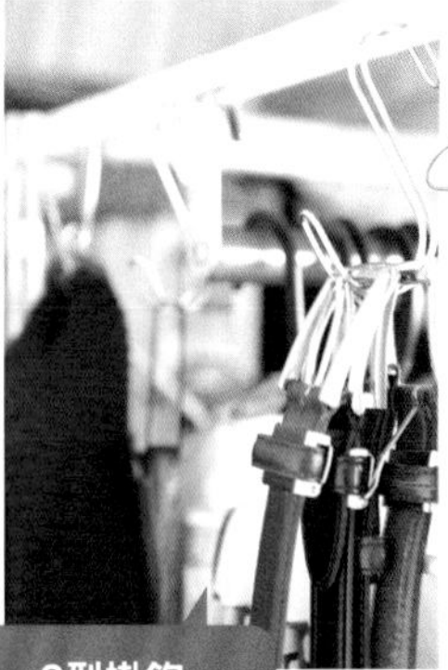

S型掛鉤
用於皮帶收納

鋁製衣架／
3支組／
寬41cm／4A
價格：290日圓

S掛鉤／
防橫搖型／
大／2入／4S
價格：650日圓

這種衣架讓我買了又買。

衣櫃裡的衣架全都是無印良品的。「就算把衣服吊起來也不會占空間，看起來又整齊，所以我們家的衣架非它莫屬！」容易纏在一起的皮帶在衣櫃旁用掛鉤掛整齊，保持隨時可以看清楚每一條皮帶的狀態。

11

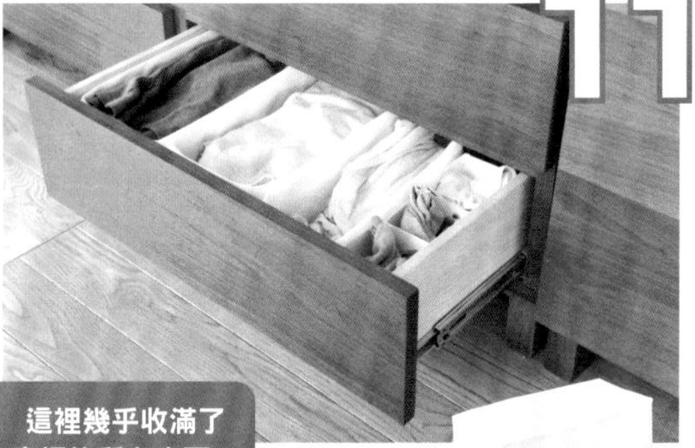

這裡幾乎收滿了
家裡的所有東西！

可調整高度的不織布
分隔袋／2入
中　價格：790日圓
小　價格：690日圓

家裡的東西只有2個櫥櫃。

Maki女士家裡的東西幾乎都在這個櫥櫃裡（什麼！）。完全表現出精挑細選少數物品的生活態度。至於種類較多的孩子的衣服，就用柔軟的不織布分隔袋來區隔收納。這對用少少東西度日的機靈生活來說非常好用。

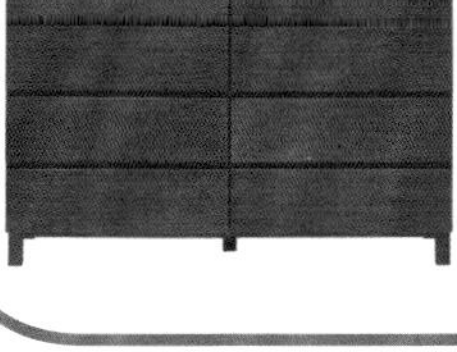

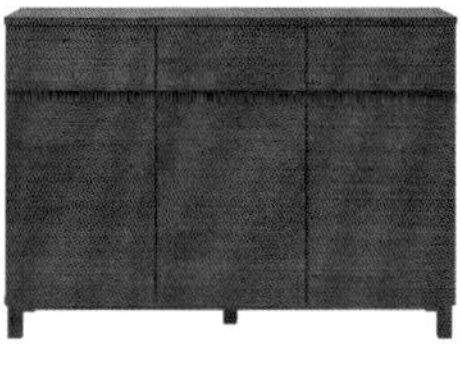

右：木製收納櫃／附門／大／胡桃木
寬120×深40×高83cm
價格：5萬8900日圓
左：胡桃木四層櫃
寬120×深40×高83cm
價格：5萬8900日圓

怕麻煩的人專用的無印良品輕鬆打掃術。

我們家不需要大掃除！
不必花太多功夫就能保持乾淨。
簡簡單單就讓清潔變輕鬆的技巧。

Category | 打掃術

超人氣Instagramer（osayosan34）

Osayo女士來告訴大家用無印良品常保環境整潔的打掃術。

只要有一套容易清理的方法就能夠輕鬆保持環境整潔！腦中要想著『收納＝容易打掃』。

Osayo女士在Instagram上分享日常生活的清潔和家事的點子，人氣急速竄升。身為職業婦女，還能夠輕鬆保持家裡環境整齊又乾淨的秘訣是什麼？我們向她請教了她喜愛哪些無印良品道具，以及使用的小撇步。

我們開門見山，馬上詢問她：您是不是有什麼就算沒空也能保持環境整潔的打掃秘訣呢？

「如果要等到髒污堆積才打掃，那原本就很麻煩的事情只會變得越來越麻煩。所以我覺得最好是每次都快速清一清就好。為了達到這個目的，打掃用具不要收起來，而是固定放在一拿就拿得到的地方。」如Osayo女士所說，他們家海綿和掃把都放在要打掃的地方附近隨時待命。雖然房間非常漂亮，但許多打掃用具就收納在視線可及範圍內，實在教人驚訝。

「尤其無印良品的打掃用具，樣式讓人看了也覺得簡樸、清新，即使放在外面也不會產生太過雜亂的印象。這點我特別喜歡。」Osayo女士說這就是她喜愛無印良品的理由。

「我特別喜歡的用品有打掃客廳用的『掃除系列／微纖毛除塵撢／4A』（790日圓）還有『掃除系列／地板除塵拖把兼用／6A』（490日圓、桿子部分另售），用起來的感覺很不錯，在這間房子蓋好之前我就很喜歡用這些東西了。」多年來都喜愛這些用品，更說明了這些道具有多好用。Osayo女士說正因為打掃用具是每天都會使用的東西，所以更要注重用起來順不順手。

Profile

2年前開始於Instagram上記錄家事，粉絲主要為育兒中的媽媽們，粉絲數達28萬人。整理收納顧問。兩名孩子的母親。充分運用在裝潢公司工作時的經驗，分享各種跟家事有關的想法。參與過許多電視、媒體節目，如「日本テレビ スッキリ!!」「RKB：今日感テレビ」「九州朝日放送：アサデス」「FBS：めんたいテレビ」「朝日放送：おはよう朝日です」「日本経済新聞」「ESSE」「リンネル」「CHANTO」「Baby-mo」等等。

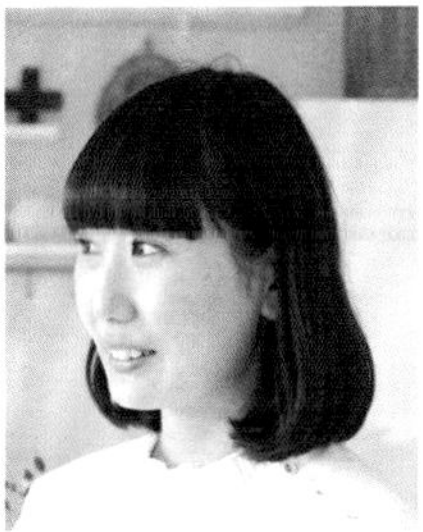

「我們家打掃用品
有很多都是無印良品的！
直接擺出來，要用時能馬上拿到。」

這裡吊著「掃除系列／微纖毛除塵撢／4A」（790日圓）、以及「掃除系列／地板除塵拖把兼用／6A（490日圓。桿子部分為掃除系列／鋁製伸縮桿／4A，390日圓）」「掃除系列／地板吸水拖把布／4A」（490日圓）。

洗手台的毛巾架
成了吊掛
打掃用具的角落

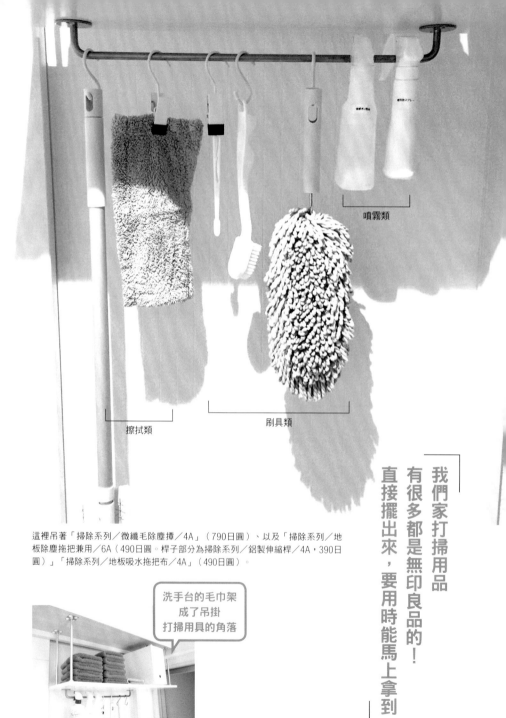

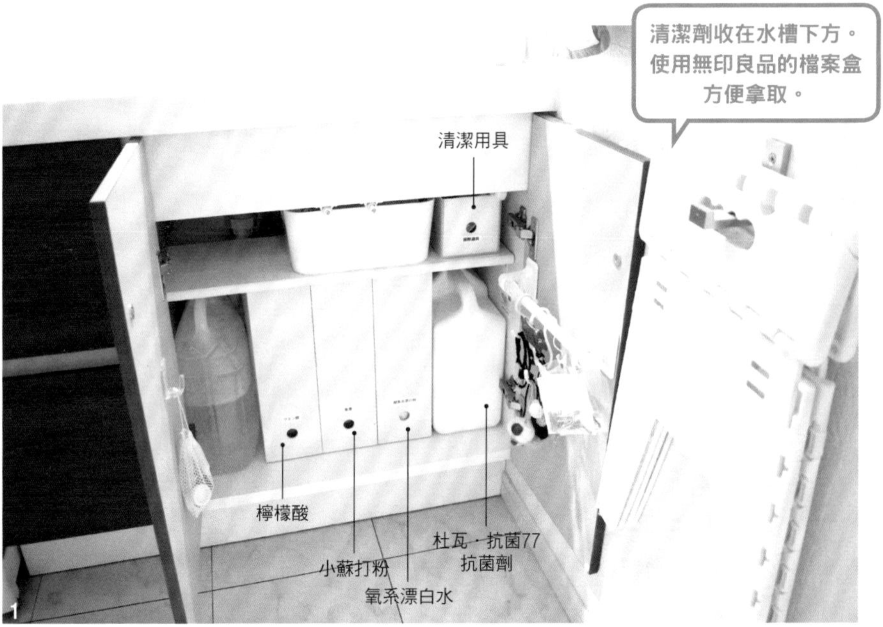

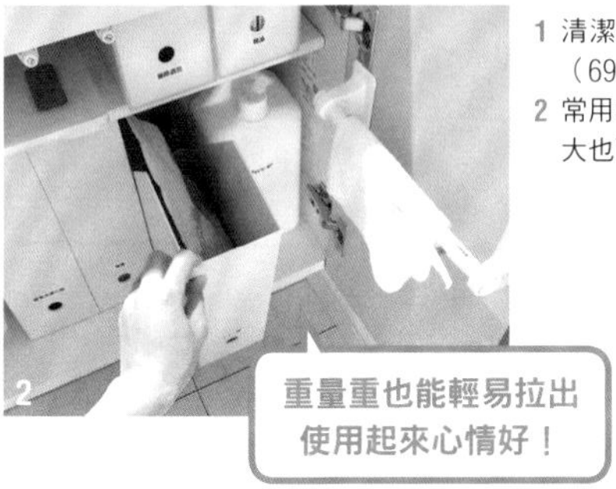

1 清潔劑的瓶罐集中用「PP立式檔案盒／斜口／A4／白灰」（690日圓）管理，方便拿取。
2 常用的小蘇打粉和檸檬酸等清潔粉類以檔案盒收納，就算份量大也可以輕鬆拿出來。

「清潔用品好拿」是Osayo女士的信條。像清潔劑跟小蘇打粉這些東西，為了能在清理衛浴間時能輕鬆拿取，統一整理在水槽底下的檔案盒中。裝清潔劑的容器全都使用喜歡的「PP立式檔案盒／斜口／A4／白灰」（690日圓）。她告訴我們：「這種盒子可以把2公斤～5公斤左右的大包裝型清潔粉立起來放，很方便。」檔案盒的背後有個小孔，讓人能簡單拉出盒子，這也是相當便於使用的一個地方，即便是沉重的清潔粉末也能輕鬆取出。由於使用的收納用品全都一模一樣，在外頭得貼上標籤，讓人一看就知道各個盒子收納什麼。有了這些方法，實際打掃起來根本花不到2分鐘。

此外，地板的打掃用具裡頭，Osayo女士特別喜歡無印良品的地板除塵拖把兼用。「比起用完就丟的免洗布，用拖把布拖地板乾淨多了，心情也很好。」

「就算再忙也只要花2分鐘『順便搞定』。每天早上的第一件事情就是清理衛浴間。如此一來，打掃就會輕鬆許多。」

總是忙東忙西的日子，要好好打掃實在很累人。Osayo女士每天的早晨就從清理衛浴間開始，聽說一個上午就能大致把該掃的該清的都處理完畢。對於早上沒時間的人來說「只要撥個2分鐘出來」就很夠用了。「每天早上只要花2分鐘，就能夠讓環境保持非常乾淨的狀態。我建議在早上就做好打掃，等晚上拖著疲憊身軀回到乾乾淨淨的家裡放鬆，心情也很舒暢。」

清一色白色的衛浴間裡，收納用品使用不怕水的材質，就算髒了也只需要拿去沖沖水，輕鬆無比。而且像洗衣機周邊的溼氣不容易排掉，所以更推薦使用能時常維持乾淨的道具。

窗邊放清潔劑和洗衣用品的架子，是裝設在牆壁上的「壁掛家具／L型棚板／44㎝／鋁」（3890日圓）。

「就算原本沒有收納架，也可以在自己想要的地方裝一個。之前有一段時間我是用普通的木頭架子，可是發現一旦潑濕、清潔劑滴到，表面的塗料就會剝落。改成鋁製的架子後，在潮濕的地方用起來跟維護起來都沒什麼問題，所以

1 PP製的垃圾桶不怕潑到水，可以巧妙藏住浴室的垃圾。
2 使用大型的掛鉤，比較重的打掃用具也能穩穩掛著。地板上沒有東西就可以盡情打掃，做起事來心情也很愉快。
3 打掃時用「不鏽鋼S掛鉤／防橫搖型／大／2入」（650日圓）把原本放在地上的東西掛起來，減少打掃時的麻煩。

孩子也
一起打掃！
1
放在地上的重物
用這種掛鉤
吊起來整理

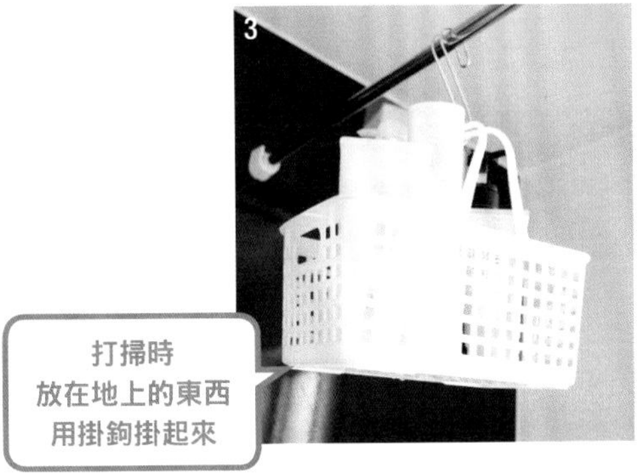

3
打掃時
放在地上的東西
用掛鉤掛起來

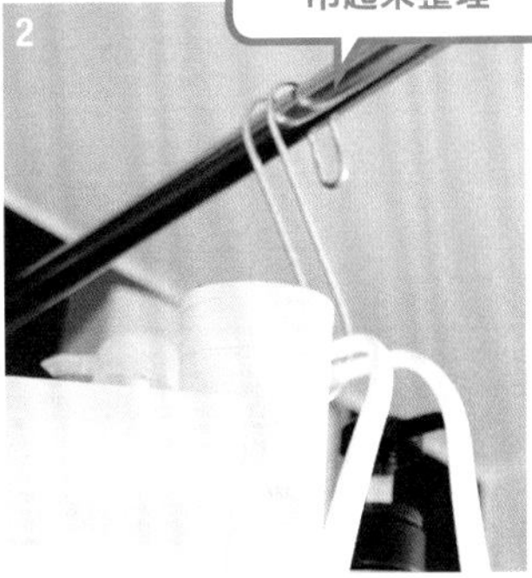

2

我很喜歡。」

還有，浴室跟廁所也使用無印良品的道具建立容易打掃的收納方式。「PP垃圾桶／方型／附框架／小／約3L」（790日圓）能夠俐落處理每天製造出的垃圾，是不可或缺的一大法寶。打掃時用「不鏽鋼S掛鉤／防橫搖型／大／2入」（650日圓）把原本放地上的東西吊起來，清地板時也很輕鬆。

「想要把一堆東西吊起來時，有掛鉤就很方便，所以不光是這一間，廚房也是掛鉤大顯身手的舞台。」

想避免污垢、灰塵和黏糊糊的東西堆積，保持乾淨的狀態，最好的方法就是不要直接把東西放在地上和檯子上！掛鉤在Osayo女士漂亮的家中各處都發揮了一些功效。

「晚上睡覺前清除今天產生的髒汙，『重置』乾淨環境。雖然這只是一件小事，但養成習慣後，家裡就再也不需要大掃除了！」

1

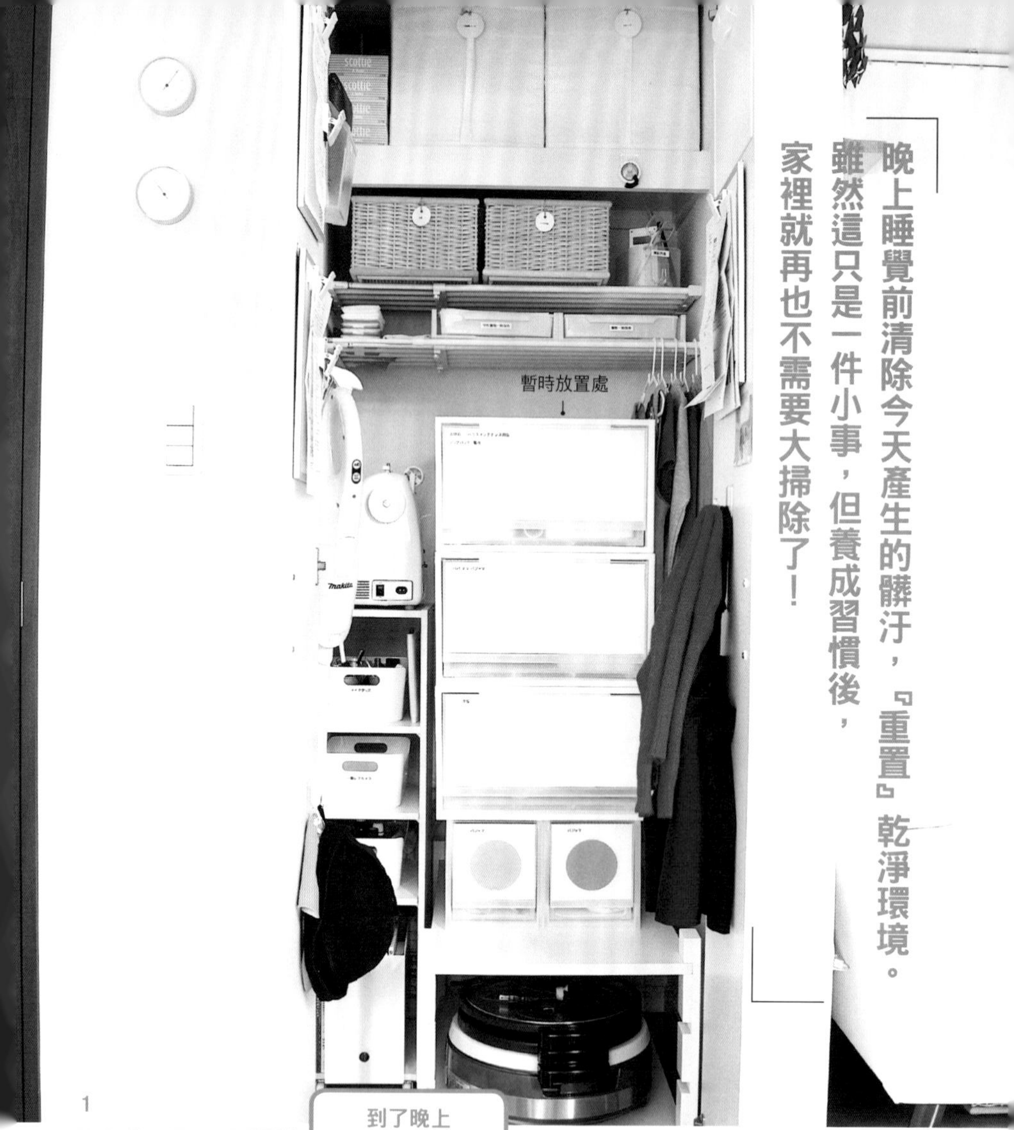

2

1 組合「PP收納盒」系列商品以及「可堆疊椰纖編長方形籃」（750日圓）的客廳收納空間。

2 「先弄乾淨再說。」為了達到這項目的，先在這裡設置一個暫時放置處。購物袋不要丟地上，放到這邊來。

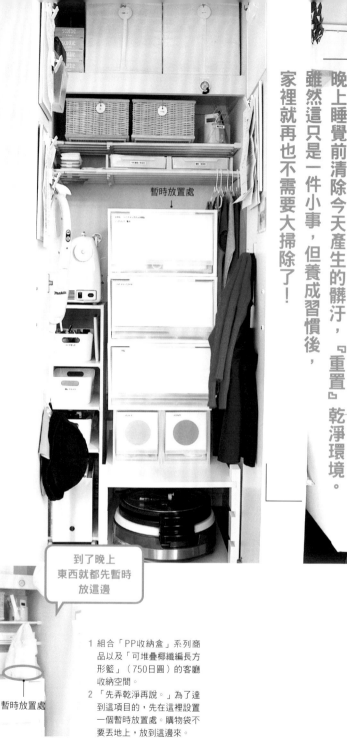

1 鍾愛的無印良品拖把，可以有效清除髒污。趁晚上清理一下，隔天早上打掃時也會輕鬆許多。

2 「附把手海綿」（700日圓）在晚餐後洗碗時非常好用。而且收納起來不占空間，根據不同用途還可以更換前面的海綿，就算不特別準備一個專門洗瓶罐的海綿也無所謂。

3 玩具用「PP手提收納盒／寬／白灰」（990日圓）裝起來，打掃前方便移開。

和早上2分鐘成套的方法，就是晚上睡前10分鐘的「環境重置」。「今日汙，今日畢。這麼一來隔天早上打掃起來也會很輕鬆。」把孩子們也加進打掃的行列，全家大小一起在晚上重置家中的環境，就是Osayo女士家的公約。

想順利重置回一天最初的乾淨環境，重點在於規劃出東西擺放的固定位置。每天都認真打掃收拾會累死自己，所以客廳的收納空間設置一個暫時放置處，能馬上把東西收起來，達到「先弄乾淨再說」的目的。

「一件事如果很麻煩就很難堅持下去。所以打掃跟擺設都要考慮能不能簡單收納，這會大大影響清潔的時候輕不輕鬆。」Osayo女士家中的收納方式簡單明瞭，到了晚上孩子也能夠自行收拾。家中處處可見這種只需要把東西大致丟在、放在該放位置的收納方式。

資料放進A4檔案盒 打掃起來也會變輕鬆。

客廳的收納空間裡，基本上沒什麼東西好給人家看，不過用白色跟白灰色的用品統一色調，看起來會非常俐落。

收納空間中特別好用的，是能直放資料的A4立式檔案盒。這樣收就能馬上找到要用的資料，打掃時也十分輕鬆，可以把整個檔案盒拿起來用吸塵器吸一吸櫃子。這麼做之後，櫃子上也不易堆積灰塵了。

還有，最下面的收納用品附有輪子，真的讓打掃變得輕鬆很多。

→nika女士

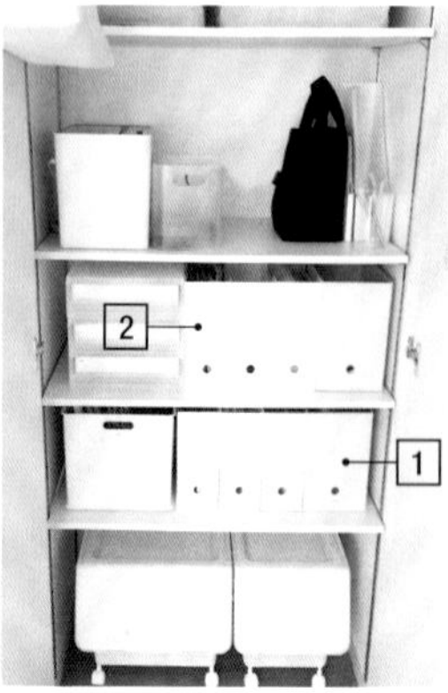

1 PP立式檔案盒／寬／A4／白灰
約寬15×深32×高24cm
價格：990日圓

2 PP立式檔案盒／A4／白灰
約寬10×深32×高24cm
價格：690日圓

椅腳羊毛氈墊片上的灰塵 就用地毯清潔滾輪清理！

椅腳羊毛氈墊片上的灰塵，我都用無印良品的地毯清潔滾輪清理。由於外觀設計簡單，所以我都沒有特別收起來，真的是一項非常優異的道具。

→pyokopyokop女士

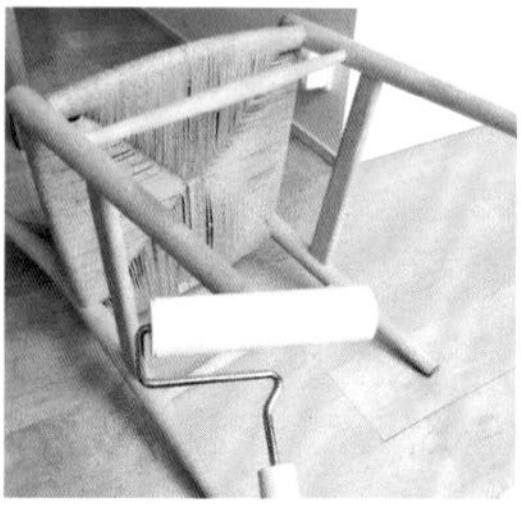

掃除系列／
地毯清潔滾輪／4A
約寬18.5×深7.5×高27.5cm
價格：390日圓

最後打掃地板時 滴一點香精油吧！

房間收拾完畢後，就只剩下地板要打掃了。我在擦地板的時候，會滴幾滴香精油。不僅聞起來芬芳，還有抗菌效果，非常推薦大家試試看。

→ayumi女士

香精油／
尤加利
10ml
價格：990日圓

只要花190日圓就能讓地毯清潔滾輪化身成萬能打掃用具！

本身看起來就很有質感的無印良品地毯清潔滾輪，只需要加上190日圓的桿子，就能搖身一變成萬能的打掃用具。人不必蹲下來也能打掃，甚至連坐著看電視時都可以拿了就用。不管任何姿勢都可以打掃。

收回盒子時要稍微用左腳輔助一下，放在廚房邊邊完全不會占位子。加上了這根桿子後，清潔滾輪的效能大大提升了。

↓阪口Yuko女士

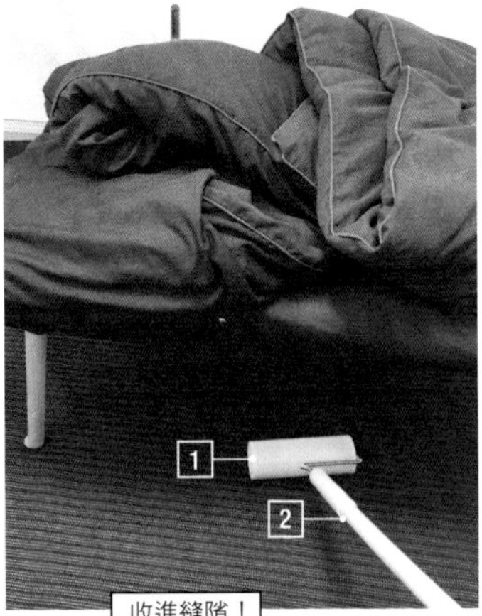

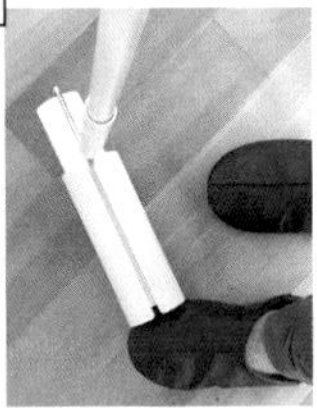

1
掃除系列／
地毯清潔滾輪／4A
約寬18.5×深7.5×
高27.5cm
價格：390日圓

2
掃除系列／
輕量短桿／4A
約直徑2×長58cm
價格：190日圓

無印良品的木製桿放著不收也能讓畫面美如畫。

無印良品的掃除系列／木製桿看起來雅緻，直接放在玄關彷彿讓整個畫面成了一幅畫作。想打掃時也能馬上拿來用，所以玄關一直都乾乾淨淨的。在晚上不能開吸塵器時，可以派上很大的用場。

↓mari_ppe___女士

掃除系列／木製桿／室內用
約直徑2×長110cm
價格：1800日圓

吊在竿子上就OK。輕巧的不鏽鋼絲夾。

我們家加濕器的濾網一個月要泡一次檸檬酸清理，然後吊起來晾乾。這種時候，就是無印良品不鏽鋼絲夾的表現機會。夾子可以掛在曬衣竿上，非常方便。

↓mayuru.home女士

不鏽鋼絲夾／4入
約寬2×深5.5×高9.5cm
價格：390日圓

無印良品的拖把布可以縮短拖地時間！

我們家的無印良品地板除塵拖把兼用，加裝室內用的木製桿，在拖地板的時候真的很方便。以前用抹布擦地板總是得花不少力氣，但現在這種拖地方式簡單了不少，熟悉後可以節省許多時間。

其實這個拖把布的頭是最近才換的，塞拖把紙的部分很軟，換成拖地用的拖把布時很輕鬆。真是慶幸我換成現在這種拖把布！

雖然我還有跟其他家的商品一起使用，不過無印良品的拖把布真的很方便，而且木製桿還可以用在其他打掃用具上。更重要的是，我非常喜歡它簡樸的外觀。

→mayuru.home女士

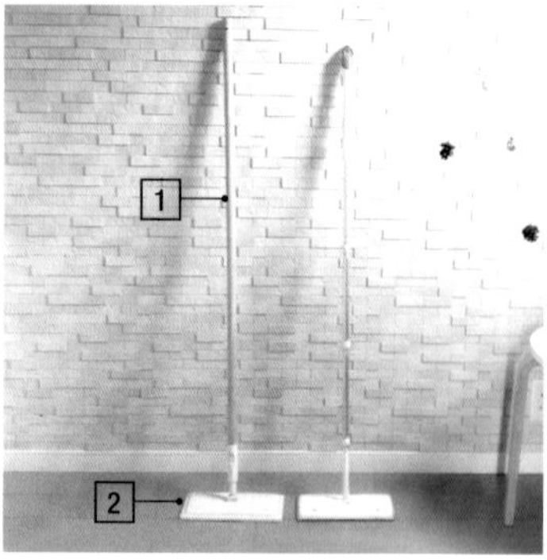

要從除塵布換成拖把布也好簡單！

1
掃除系列／木製桿／室內用
約直徑2×長110cm
價格：1800日圓

2
掃除系列／地板除塵拖把兼用／6A
約寬25×深10×高16.5cm
價格：490日圓

打掃用具全收進托特包然後掛在牆壁上。

我們家2樓的寢室裡面，有一個專門放打掃用具的地方。重要的是用白色托特包收好所有打掃用具，並以掛鉤掛起來。這麼一來，視覺上感覺清新，想要打掃的時候也可以馬上拿器具出來。

托特包裡面有代替抹布效果的鹼性電解水清潔液，地毯滾輪也很適合用來黏棉被跟枕頭上的毛髮。還有無線吸塵器的床墊吸頭也都放在托特包裡。

→mayuru.home女士

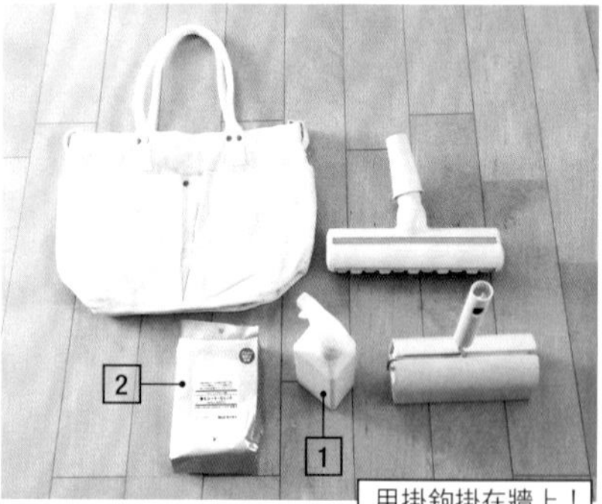

用掛鉤掛在牆上！

1
鹼性電解水清潔液
約400ml
價格：490日圓

2
地板拖把替換紙／濕型／鹼性電解水
20張入
價格：230日圓

重量足又穩的米白瓷架最適合用來放打掃用具！

其實幫了我最多忙的無印良品道具是這個。和塑膠不一樣，米白瓷製的器具很沉，擺起來非常穩定。在廚房道具架裡放入除塵撢子，就算抽出來的動作很大也不會弄倒道具架，讓人非常放心。

然後小的是餐具收納架，本來是放叉子跟湯匙用的，現在是拿來放常用的筆跟體溫計。

總而言之，這個高度真的剛剛好不覺得嗎？筆只微微露出蓋子，剩下的部分全都藏得好好的，而且拿的時候也不會不方便……不用說，外觀也十分漂亮。

↓阪口Yuko女士

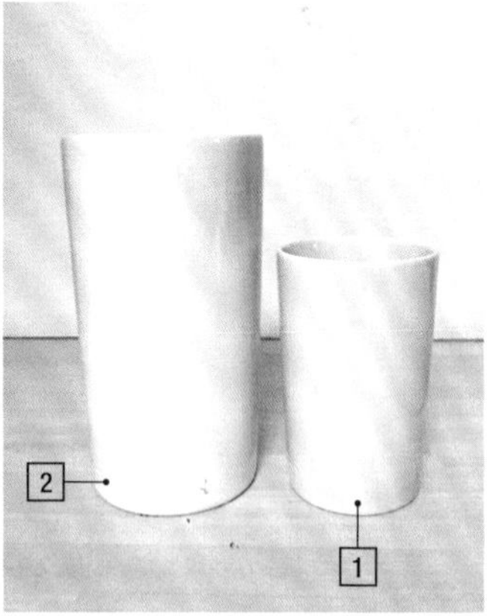

1
米白瓷餐具收納架
約直徑7×高10cm
價格：590日圓

2
米白瓷廚房道具架
約直徑9×高16cm
價格：890日圓

可以整個拿去洗乾淨的百搭面紙盒。

無印良品的壓克力面紙盒主要出現在我們家的客廳、飯廳跟廚房。由於面紙盒是透明的，和任何裝潢風格都搭得起來。我個人的話是滿喜歡它讓人能看到東西還剩多少的特色。

還有一點就是「因為是透明的，所以不得不洗乾淨來。」裡面的東西用完後我都會拿去整個沖洗過一遍，每次要洗之前仔細一看，上面都沾了一堆指紋！但會需要用到衛生紙的時候都是手髒兮兮的時候就是了……。會放在這裡是為了讓人在廚房也能抽到衛生紙，但如果放在廚房裡面的話反而很容易沾上油漬。

雖然需要花一點功夫去清理，不過壓克力面紙盒在我們家的客廳、飯廳跟廚房還是大大發揮了它的效用。

↓阪口Yuko女士

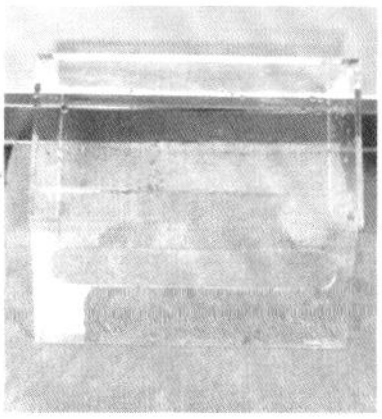

1 壓克力面紙盒
約寬26×深13×高7cm
價格：790日圓

潑到水也沒關係！不鏽鋼絲夾打掃術。

我還滿常使用無印良品的「不鏽鋼絲夾」。不鏽鋼材質不用擔心生鏽問題，可以讓人隨意使用在各種地方跟狀況。把東西夾好吊起來，地上就不太容易藏污納垢，打掃起來輕鬆很多。

玄關用伸縮桿吊長靴，浴室門上則掛洗面乳，再把起泡網也掛在一起。浴室裡的臉盆比起用S型掛鉤，不鏽鋼絲夾角度更小，勾得比較穩。

不鏽鋼絲夾還可以用來夾住文件，和風乾毛筆。而且4個才390日圓，物美價廉也是一大重點。

↓阪口Yuko女士

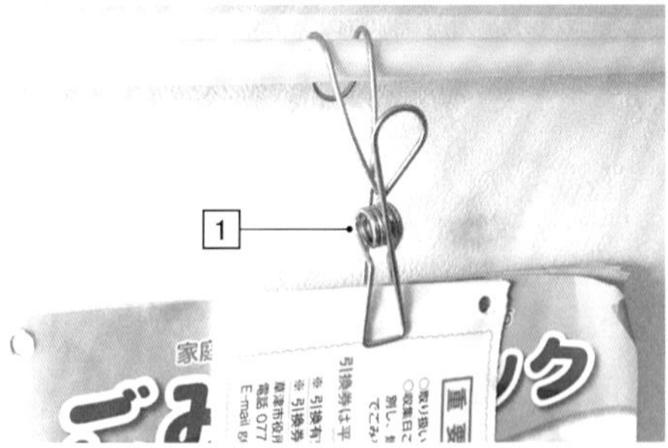

1

不鏽鋼絲夾／4入
約寬2×深5.5×高9.5cm
價格：390日圓

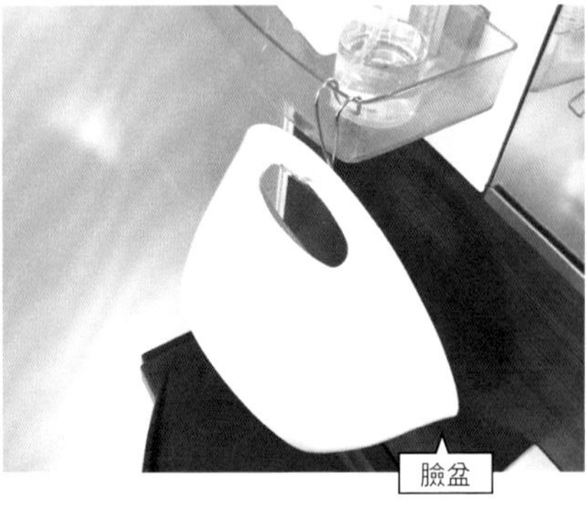

幫助女兒「自己來」乾淨的刷牙用具收納。

刷牙用具放在最下方，讓女兒自己也可以拿得到。牙刷放在百圓商店的牙刷架上，牙膏則用無印良品的不鏽鋼絲夾夾起來吊好。不僅外觀好看，也容易清理。

→ayumi女士

不鏽鋼絲夾／4入
約寬2×深5.5×高9.5cm
價格：390日圓

換氣扇的濾網用縫隙清潔刷來清理。

要清理浴室裡的換氣扇濾網，我推薦使用無印良品的縫隙清潔刷。刷毛部分比一般刷子硬，用來刷洗濾網剛剛好，可以輕鬆就把濾網清乾淨。

→pyokopyokop女士

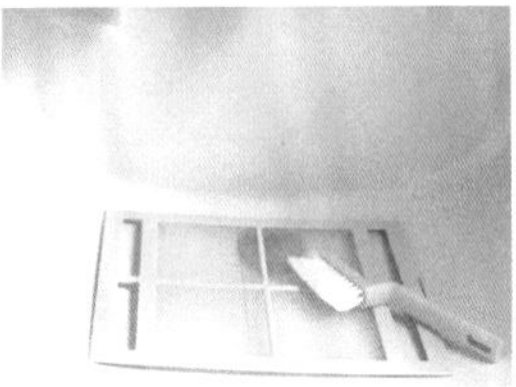

掃除系列／縫隙清潔刷／4A
約寬3×深19×高9.5cm
價格：250日圓

更換頭部就能改變用途的無印良品拖把。

家事當然是能越輕鬆越好。我一個月會擦一次地板，用的是無印良品的拖把。只要更換頭部的拖把布，想乾擦、想濕拖都沒問題。如果使用保養蠟噴霧，就可以同時完成打掃跟打蠟，能節省不少時間。

→nika女士

掃除系列／
地板除塵拖把兼用／6A
約寬25×深10×高16.5cm
價格：490日圓

使用白色的聚氨酯產品浴室用品就能簡單統一顏色。

浴室裡的用品我統一使用白色，看起來比較簡約一點。洗髮精罐子上的標籤也撕了下來。特別要提這個白色的聚氨酯三層浴室海綿，不會影響到整體簡單的配色，實用性又很高。

→ayumi女士

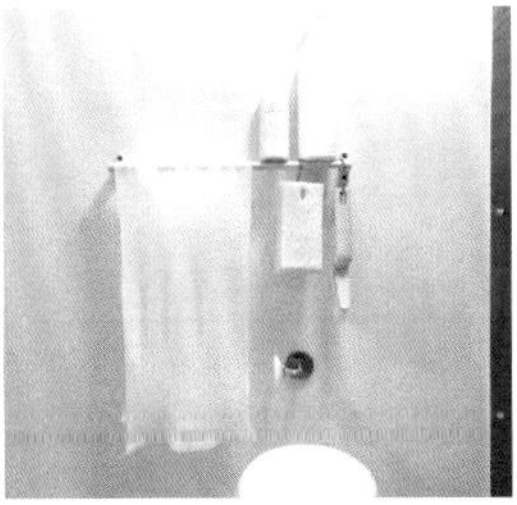

聚氨酯三層浴室海綿
約寬7×深14.5×高4.5cm
價格：250日圓

超快乾壓克力漱口杯打掃起來好輕鬆。

不久之前，我還是用無印良品的白磁牙刷架把牙刷一根根豎起來放。不過現在牙刷架只拿來放刮鬍刀。原因是要洗一個又一個牙刷架實在太費事，剛用沒多久就用不下去了。取而代之的，是無印良品的壓克力漱口杯。現在牙刷全部都放在杯子裡。

多虧換成現在這樣，牙刷的清理也簡單多了。首先，用除塵布擦過洗手台，擦乾淨後把牙刷擺好，然後再沖洗壓克力漱口杯，接著大力把水甩乾淨。壓克力杯裡的水乾得非常快，而且由於體積小，手可以伸到底部好好把杯子給洗乾淨。

↓阪口Yuko女士

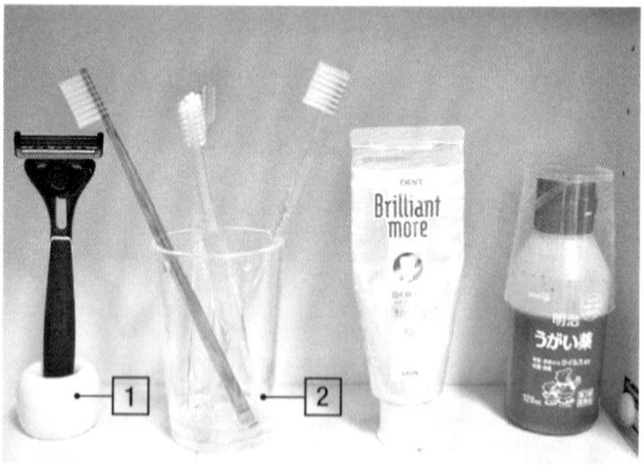

1

白磁牙刷架／1支用
約直徑4×高3cm
價格：290日圓

2

壓克力漱口杯
約直徑65×85mm
價格：590日圓

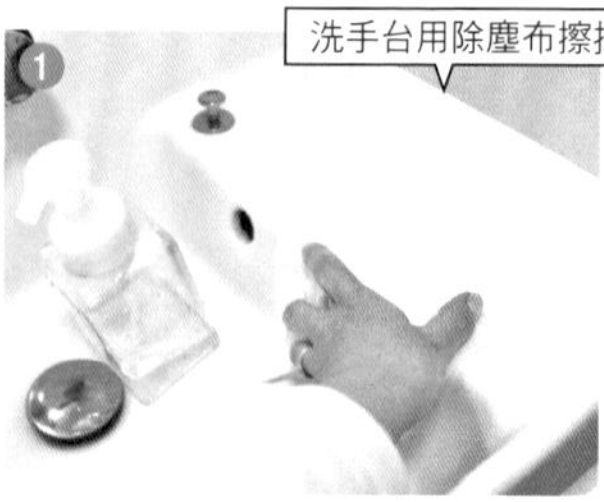

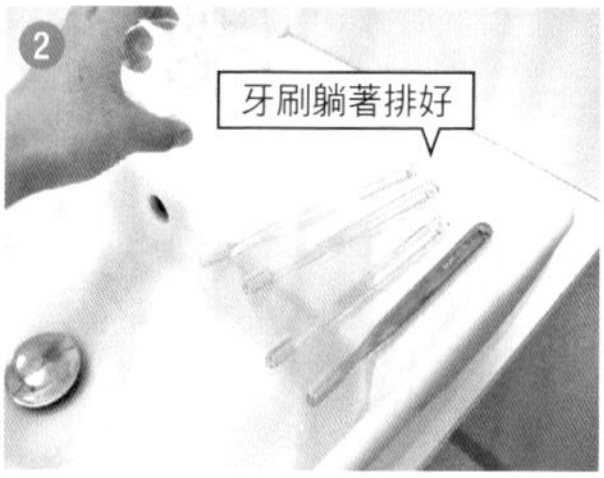

海綿剪一半 好用度大大提升。

一直到最近，我都還是用藥局買來的圓形海綿，但我想換一個比較小的，所以買了無印良品的聚氨酯三層海綿。想說把海綿剪一半看看，結果這效果實在太棒了。

我發現這簡直好用得不得了。不僅適合我這雙沒那麼大的手，也可以刷洗到小地方，而且容易施力。還有，剪成一半後，放置時也很穩，不會東倒西歪。雖然減少了可刷洗的面積，清潔時要多刷幾次，不過刷洗效果跟過去沒有什麼差別，算起來也節約了不少。

↓阪口Yuko女士

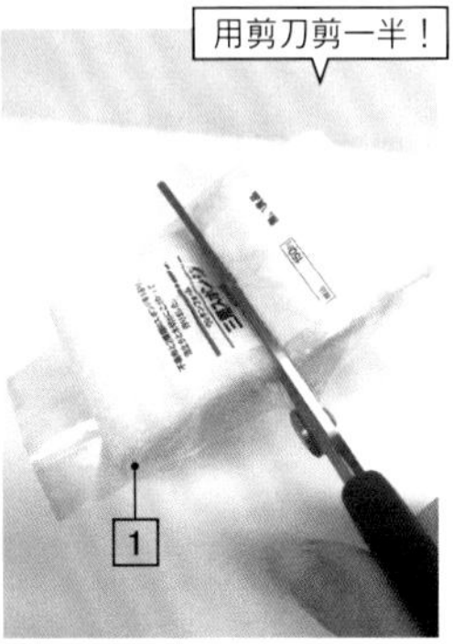

1 聚氨酯三層海綿
約寬6×深12×高3.5cm
價格：150日圓

想讓衛浴間好清理 就要整理消耗品。

衛浴間上層的架子如果直接拿來用，不覺得就只能放一些大東西而已嗎？所以，我們家會放幾個無印良品的檔案盒。顏色統一選擇簡單的白色，清潔劑、洗髮精、海綿等打掃用消耗品的庫存就收在裡頭，能收納的量其實比想像中還多，這麼做後打掃起來也簡單不少。

清潔用品統一收在盒子裡，就能一次把所有東西搬到要打掃的地方，而且一看就知道庫存量剩多少，可以提升打掃的幹勁。

↓阪口Yuko女士

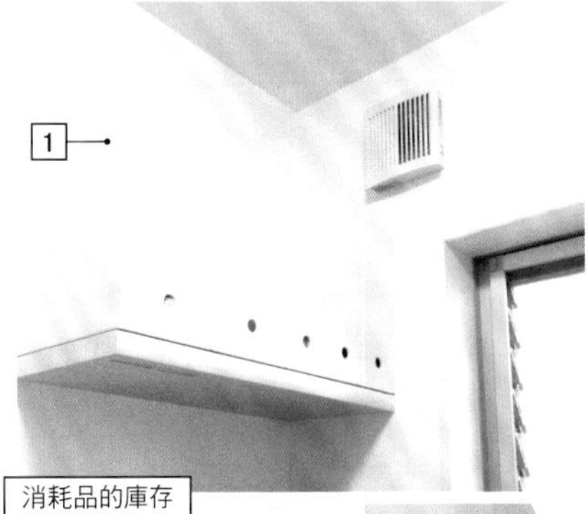

1 PP立式檔案盒／斜口／寬／A4／白灰
約寬15×深27.6×高31.8cm
價格：990日圓

浴室清潔準備一整套打掃用具，提升幹勁！

原本就不是很喜歡打掃浴室，天氣一冷，感覺又更麻煩了。所以，我的方法是準備好一套自己用起來順手的打掃用具，藉此提升做事幹勁。

使用無印良品的浴室用品可以統一所有物品為白色，浴室用品跟打掃用具使用不鏽鋼絲夾和S型掛鉤就能夠吊起來，這樣整理起來會很好做事。浴室清爽俐落，自然會大大提升做事的意願。

實際上，除了把用品整理得方便自己做事之外，如果覺得哪邊髒了，也只要清洗那個部分就好。常常做好清潔，還可以防止黴菌滋生。

↓kumi女士

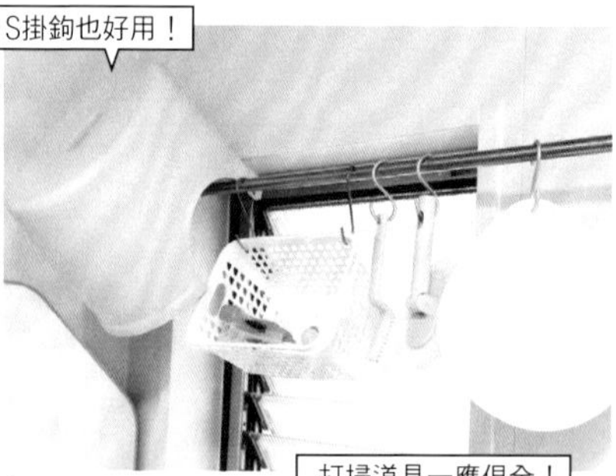

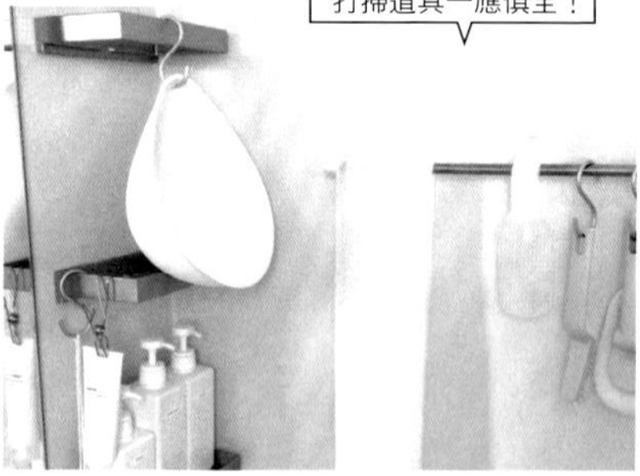
打掃道具一應俱全！

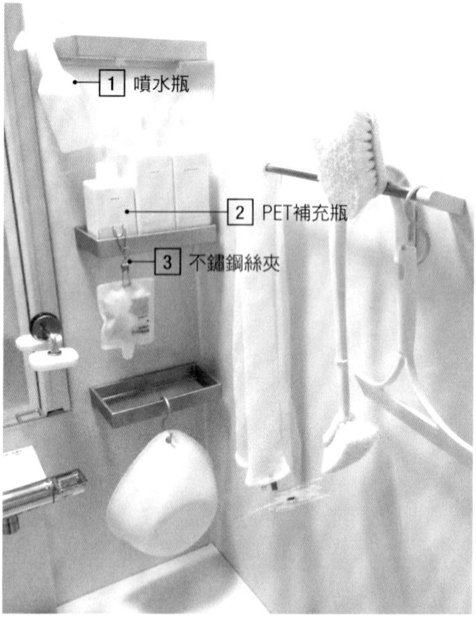

1

塑膠噴水瓶／大
500ml／透明
價格：490日圓

2

PET補充瓶／白／400ml
價格：250日圓

3

不鏽鋼絲夾／4入
約寬2×深5.5×高9.5cm
價格：390日圓

廚房的收納櫃裡面用**檔案盒**來收清潔用品。

廚房裡面的淺底狹長抽屜位置比較低，不覺得很難用嗎？我前一陣子才把這裡的使用方法整個大改造。

我發現，無印良品1／2尺寸的檔案盒放進這個空間剛剛好！一旁的縫隙再擺幾個化妝盒，可以收納清潔劑的補充包跟海綿類等清潔用品，感覺真是賺到了。

如果尺寸有些不合，在抽屜後面加一根百圓商店的伸縮桿就能解決這個問題。這麼一來拿東西放東西都順手，打掃也變得更輕鬆了。

→yu.ha0314女士

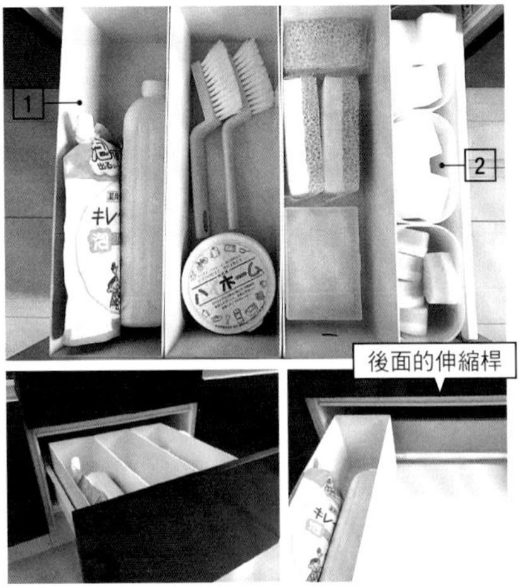

1 PP立式檔案盒／白灰／1/2
約寬10×深32×高12cm
價格：390日圓

2 PP化妝盒1/2橫型
約寬15×深11×高8.6cm
價格：190日圓

刮把的刮板部分換成白色的，感覺煥然一新。

我洗好澡後，會用刮把將鏡子跟浴室門上的水滴刮乾淨。只是我一直很在意刮板部分是黑色的，有天我發現有白色的刮板可以替換，趕緊買來更換。換掉之後心情變好了，清理起來感覺也順利許多。

→meg女士

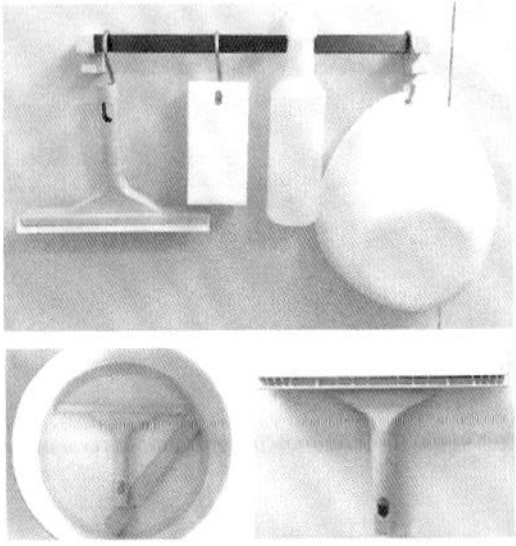

掃除系列／玻璃清潔刮把／6S
約寬24×深7×高18cm
價格：550日圓

打掃用具掛在**S掛鉤**上可以保持使用衛生。

打掃用具我用無印良品的S掛鉤掛在浴室門上。附把手海綿用於整體清潔、硬毛刷則專攻比較明顯的汙垢。常以除菌布擦拭清理的話，浴室完全不會變髒。

→yu.ha0314女士

鋁製S掛鉤／大
約寬5.5×高11cm
價格：150日圓

浴室清潔用縫隙清潔刷不放過任何一處角落！

說到打掃浴室的必需品，就是無印良品的縫隙清潔刷了。用這個刷子就可以清理一些比較難清的地方，浴室地板各個角落都不放過。還有另一項道具是無印良品的聚氨酯三層浴室海綿。海綿起泡效果佳，而且乾得也快。

這2樣道具是每天打掃浴室所不可或缺的法寶，所以我用掛鉤掛在牆壁上。還有，掛浴室板凳的掛鉤上掛著臉盆，上頭放著海綿，要用的時候馬上就可以拿來用。

→ayumi女士

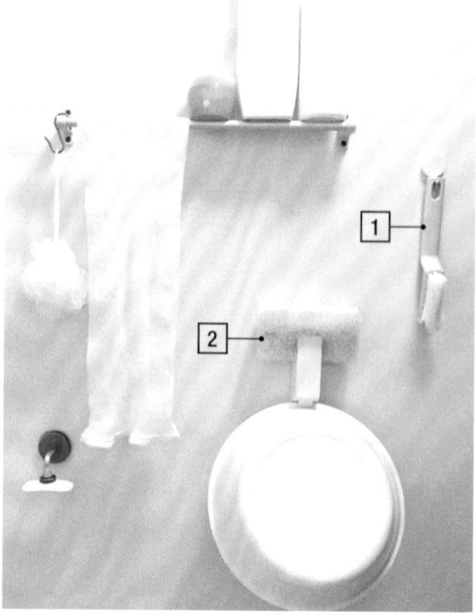

1 掃除系列／縫隙清潔刷／4A
約寬3×深19×高9.5cm
價格：250日圓

2 聚氨酯三層浴室海綿
約寬7×深14.5×高4.5cm
價格：250日圓

想輕鬆移動浴室鞋位置磁鐵式掛鉤是你最好的選擇。

我們家的浴室鞋是負責打掃浴室的兒子在穿，為了讓他穿完後方便收拾，我之前是用吸盤式掛鉤把鞋子掛在洗衣機前面。可是家裡有客人的時候，我會想把鞋子移動到比較不顯眼的側邊。吸盤式的掛鉤一旦吸緊緊就要花點力氣才拔得掉，但如果只是輕輕吸住又很容易掉下來，這是一個比較頭痛的地方，不太適合拔來拔去換地方。

後來，我們買了無印良品的磁鐵式掛鉤！輕鬆解決了過去的煩惱，想要移動掛鉤位置時也容易多了。

↓阪口Yuko女士

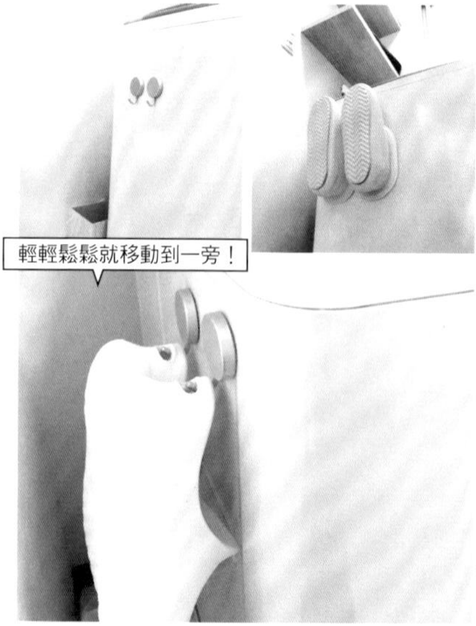

1 鋁製掛鉤／磁鐵式／大／2入／7A
約寬5×高7cm
價格：390日圓
※照片為舊款商品

洗手台下方的收納空間要善用**檔案盒**！

我們家2樓也有一間廁所。過去就有打算在一旁洗手台下方的收納空間裡放一些廁所會用到的東西。雖然空間也不小，但管線卡在那邊，一直都沒辦法好好利用。後來我決定使用無印良品的檔案盒。

寬型的檔案盒大小恰好適合收廁所衛生紙，標準型的則拿來放免洗手套跟垃圾袋等打掃用具。用了檔案盒後，收納起來順手許多，清理也輕鬆不少。而且檔案盒還有把打掃用具跟廁所衛生紙隔開的功用，感覺起來也比較衛生。

→pyokopyokop女士

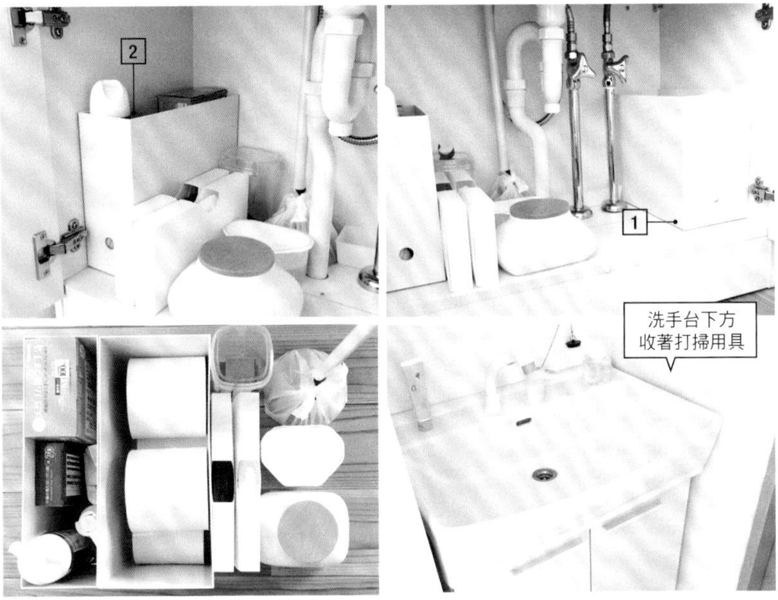

1

PP立式檔案盒／
寬／A4／白灰
約寬15×深32×
高24cm
價格：990日圓

2

PP立式檔案盒／
A4／白灰
約寬10×深32×
高24cm
價格：690日圓

細心做好洗手台的收納就能降低打掃難度！

每天使用的洗手台，再怎麼樣都很難避免弄得亂七八糟。為了讓洗手台好用一些，我也做過不少嘗試。

架上空間善用百圓商店的化妝盒，最左邊是放牙刷的空間（牙刷架是無印良品的白磁牙刷架），旁邊是放眼鏡跟隱形眼鏡的空間。化妝盒不怕牙刷濕濕的就放進去，清理時也很輕鬆。

另外，架子下方還加了一根百圓商店買的伸縮桿，上面用無印良品的不鏽鋼絲夾吊著牙膏等物。其中特別是漱口杯的部分，不鏽鋼絲夾顛倒過來勾住漱口杯也不用擔心夾住的部分滑動，可以安心使用。

→nika女士

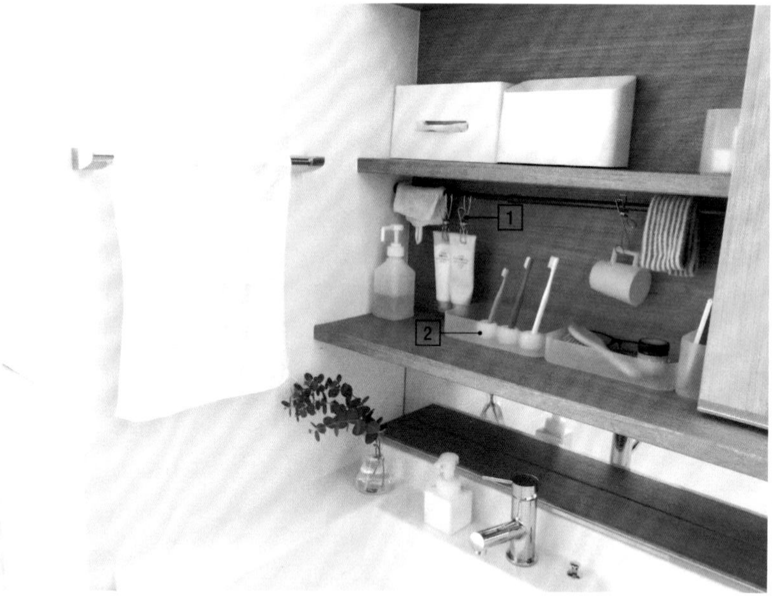

1

不鏽鋼絲夾／4入
約寬2×深5.5×高9.5cm
價格：390日圓

2

白磁牙刷架／1支用
約直徑4×高3cm
價格：290日圓

無法更動的死空間也能變成好打掃的儲物櫃！

洗手台下方的收納空間大多有管線卡在中間，讓整個空間變成難收納東西的死空間。但只要使用收納盒和檔案盒，就能讓空間獲得有效利用。

因為櫃子有門，灰塵跑進去的話就不會再出來，而且這裡本來就很難清理，所以裡頭放無印良品的淺型跟深型PP追加用收納盒讓灰塵比較沒那麼容易堆積。此外，這些容器很適合拿來收納洗手乳的容器跟清潔劑呢。收納盒是抽屜式的，灰塵不會跑進去，清理也容易。上方再放置化妝盒收納牙刷、隱形眼鏡等日用品。旁邊放的是檔案盒（A4），斜口設計的好處是可以避開管線。用了這些道具，打掃也輕鬆了不少。

→ayumi女士

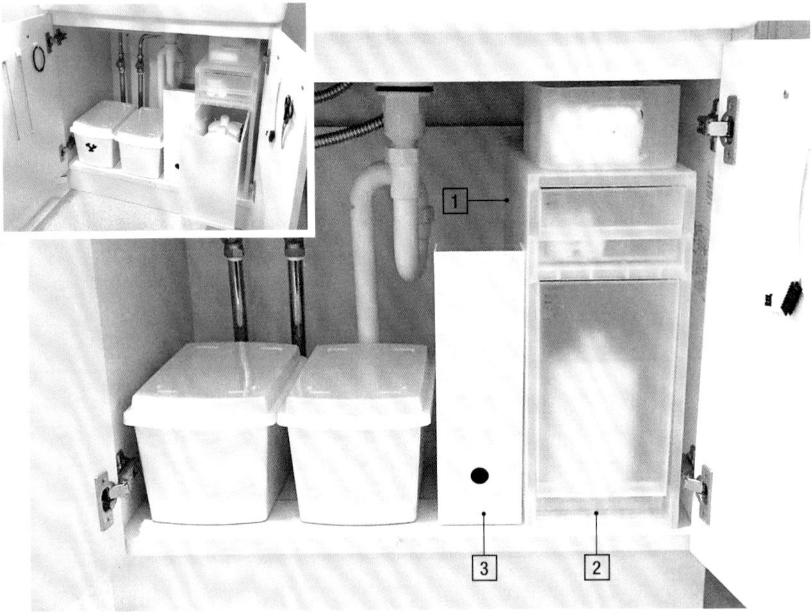

1

追加用收納盒／淺
約寬18×深40×高11cm
價格：690日圓

2

追加用收納盒／深
約寬18×深40×高30.5cm
價格：1190日圓

3

PP立式檔案盒／斜口／A4／白灰
約寬10×深27.6×高31.8cm
價格：690日圓

廚房採用開放式收納打掃意願油然而生！

焦點在右下角的不鏽鋼層架。寬112cm，充滿存在感的組合層架放置在廚房下方，廚房有了整體感。由於採開放式收納，會讓人萌生一股想經常打掃的意願呢。除此之外，用白灰色的檔案盒來收納廚房周邊的清潔用品跟清潔劑，方便要用的時候能快速拿出來，降低打掃難度也很重要。

在家裡，我最喜歡的畫面就是廚房。烤麵包機跟烤箱也選擇無色彩的款式，架子上陳列著一些設計簡樸的餐具和小東西。最後整體配色只有木頭色和黑、白，十分簡約，讓人提起想維持整潔的幹勁。

→lokki_783女士

1

SUS追加棚／不鏽鋼／寬112cm用
價格：8990日圓

2

SUS追加用側片／不鏽鋼／迷你／高46cm用
價格：2790日圓
※棚板另售

3

PP立式檔案盒／寬／A4／白灰
約寬15×深32×高24cm
價格：990日圓

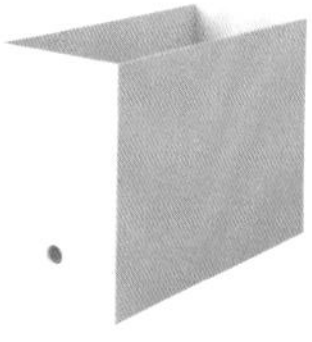

廚房棄用垃圾桶 改用掛鉤，免除打掃麻煩。

廚房的垃圾桶很容易變得髒兮兮的，寒冬時真的連洗都不想洗。

於是，我下定決心棄用垃圾桶，改使用無印良品的門用不鏽鋼掛鉤，直接把塑膠袋掛在流理台旁邊。然後左邊是丟塑膠，右邊是丟可燃垃圾。

其實我們家後門出去就有一個大垃圾桶，裡面套著市府規定使用的垃圾袋。所以廚房的袋子滿了後只要丟進外面那個垃圾桶就好。這麼一來就不必做清洗垃圾桶這種浪費時間的事情了。

→阪口Yuko女士

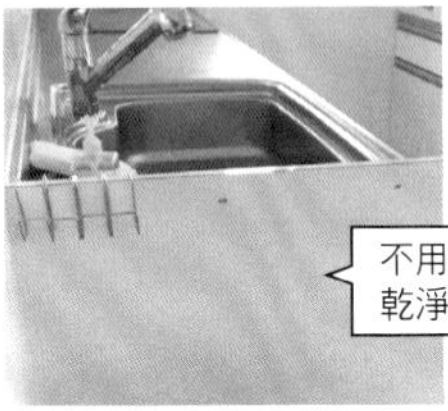

1 不鏽鋼掛鉤／門用／7A
約寬3.5×深6×高6cm
價格：190日圓

自由組合層架 可以讓打掃變輕鬆。

我一直對於廚房的架子感到頭痛，煩惱了半年後，終於換成無印良品的SUS層架了。無印良品的家具果然很美，擺起來就跟想像的一樣，滿足得不得了！

配置雖然和過去一樣，但以前是把幾個高低深淺都不一樣的架子硬組合在一起。現在統一使用無印良品的東西，高度、深度都能配合，看起來也舒服多了。正中間放置SUS追加帆布籃當抽屜，而層架底部和地面有一點距離，打掃起來意外地方便。

雖然櫃子要自己組有點麻煩，不過這種櫃子就算碰傷了也只須要換個棚板，可以一直使用下去。

→mari_ppe___女士

1 SUS橡木層架組／寬／小
寬86×深41×高83cm
價格：2萬1900日圓

2 SUS追加棚／橡木／寬84cm用
價格：4990日圓

清潔用具全部收進洗碗機底下。

洗碗機下方的抽屜其實沒有說很好用，不過我們家是用來收廚房的清潔用具，這麼一來廚房環境的清理也輕鬆了不少。

除濕劑和漂白水、護手霜雖然就直接收在抽屜裡，不過像備用的海綿跟刷子、排水孔濾網等小東西就用無印良品的化粧盒裝起來，可以堆疊放置，非常好用。

無印良品的容器，樣式簡單又好看，怎麼組合搭配都不奇怪，可以美美地進行收納。如果有需要的話可以馬上添購，這點也很方便。而且覺得髒了還可以直接拿去沖水，輕鬆就能維持乾淨狀態。

→pyokopyokop女士

清潔用具分類收進不同盒子

水槽下方使用化妝盒

1

PP化妝盒1/2橫型
約寬15×深11×高8.6cm
價格：190日圓

2

聚氨酯三層海綿
約寬6×深12×高3.5cm
價格：150日圓

洗碗用的廚房布巾適合用麻多用布。

在廚房，我們很重視擦拭用的布巾。如果用一般的白色布巾，髒的時候很顯眼，吊起來風乾時會給人一種雜亂感，讓人連洗碗的心情也沒了。

不過，無印良品的麻多用布為50cm×50cm的正方形尺寸，而且還附有可以讓人掛起來用的帶子，使用掛鉤掛好，廚房也會煥然一新。比起長方形的布巾，正方形的長度較短，給人一種俐落的感覺，麻的質感也壓低了雜亂的氛圍。至於另一項好處是面積夠大，乾得也很快。

而且，無印良品的麻多用布總共有9種不同的圖案跟顏色，挑選起來也很開心。

→DAHLIA★女士

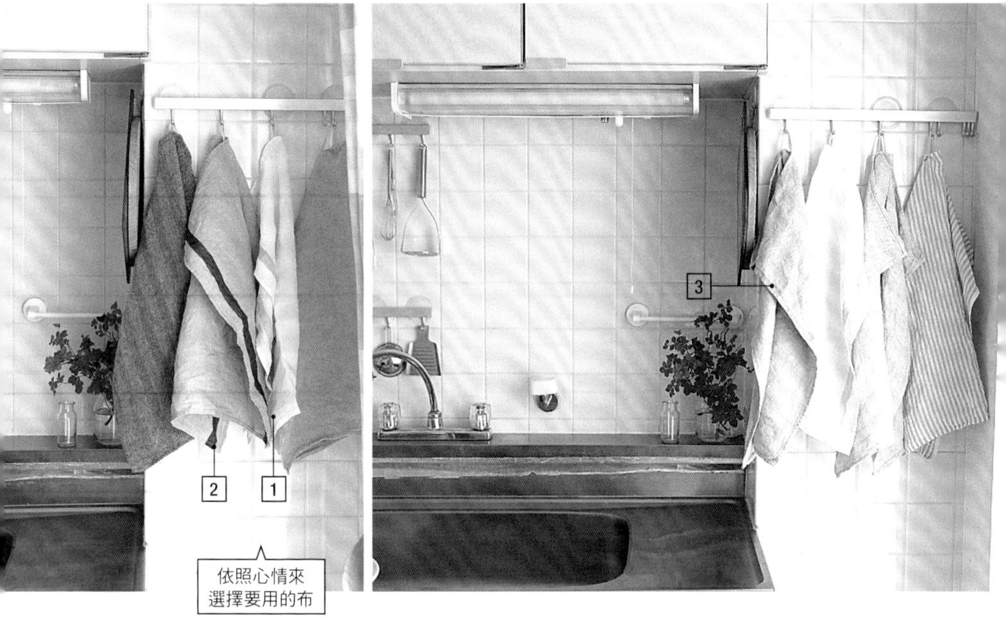

1

麻多用布／直線／
柔白×原色
約寬50×深50cm
價格：690日圓

2

麻多用布／直線／
原色×黑色
約寬50×深50cm
價格：690日圓

3

麻多用布／厚／原色
約寬50×深50cm
價格：790日圓

使用壁掛家具讓廚房用起來更方便！

我們家的廚房裡面裝了一個橡木材質的「壁掛家具／箱」。如果家裡是石膏板牆，那任誰都可以輕鬆裝好壁掛家具。安裝在視線高度，清理時只需要輕輕擦過，打掃起來非常容易。

冰箱側邊則使用了很多無印良品的磁鐵商品，像掛布的鋁製毛巾環。裝在這裡，桌面上跟架子上都會變得好清理不少。另外，我格外喜歡的還有可以用磁鐵吸住的紙巾架。不小心打翻食材的時候也能馬上抽幾張來擦乾淨。

→kumi女士

1 廚房紙巾架／磁鐵式
價格：490日圓

2 壁掛家具／箱／44cm／橡木
寬44×深15.5×高19cm
價格：3890日圓

想保持浴室清潔吊掛收納法為佳。

我們家的浴室用品基本上都是掛起來收納。臉盆用百圓商店的扣環扣好，並掛上無印良品的防橫搖型S掛鉤。這麼一來乾得快，也不容易變髒。

→mayuru.home女士

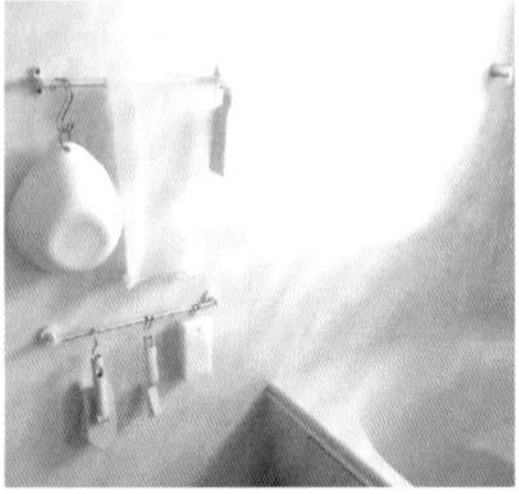

S掛鉤／防橫搖型／大／2入／4S
約7×1.5×14cm
價格：650日圓

櫃子用不鏽鋼收納籃裝杯子好方便。

我們廚房的櫃子裡，用不鏽鋼收納籃來裝杯子。打掃時可以整籃搬開，減少許多麻煩。旁邊的垃圾桶雖然是舊款商品，但因為跟塑膠袋尺寸合得來，所以還是很珍惜使用。

→mari_ppe__女士

18-8 不鏽鋼收納籃2
約寬37×深26×高8cm
價格：1990日圓

垃圾桶上加裝輪子，打掃起來好容易！

我們家唯一特別精心設計的，就是放垃圾桶的一角。因為不想把垃圾桶放在外面，所以才特別在廚房斜後方設置一個垃圾桶的專用角落。設置在最裡面，丟垃圾時可能會覺得有點遠，但我無論如何還是想把垃圾桶放在不顯眼的地方……。

而在這特別注重的垃圾桶角落，放的就是無印良品的PP上蓋可選式垃圾桶／大。蓋子部分須另外購買，而且有個特色是分成橫開跟縱開2個種類可以選。我還在底部加裝了輪子讓垃圾桶可以滑動，就算下方有堆積一些垃圾髒污也可以簡單清理。當然天氣好的時候我會把整個垃圾桶拿去洗，然後放在庭院晾乾，可以保持乾淨衛生。

→mayuru.home女士

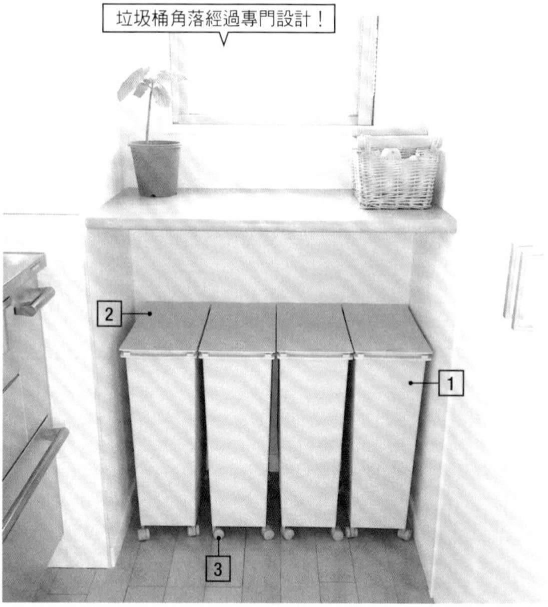

1

PP上蓋可選式垃圾桶／大／30L袋用／附框架
約寬19×深41×高54cm
價格：1490日圓

2

PP上蓋可選式垃圾桶用蓋／縱開
寬20.5×深42×高3cm
價格：490日圓

3

PP組合箱用輪子／4入
價格：390日圓

如果對**打掃用具**有所要求那就選擇無印良品。

這些是我們家的打掃用具。從左邊開始是手持式吸塵器與無印良品的兩個清潔滾輪，再來是羊毛撢子。尤其要提無印良品的地毯清潔滾輪，外觀設計簡約，直接放在客廳也不會影響觀瞻。發現要清理的地方時，也可以隨時拿來使用。

垃圾桶也是無印良品的道具。雖然是舊款商品，但外觀一樣簡樸，不會影響到整體裝潢的感覺。這一點很棒，我很喜歡。清理時也只需要把蓋子拆下來洗好風乾，噴上除菌噴霧後就好了。

→mari_ppe____女士

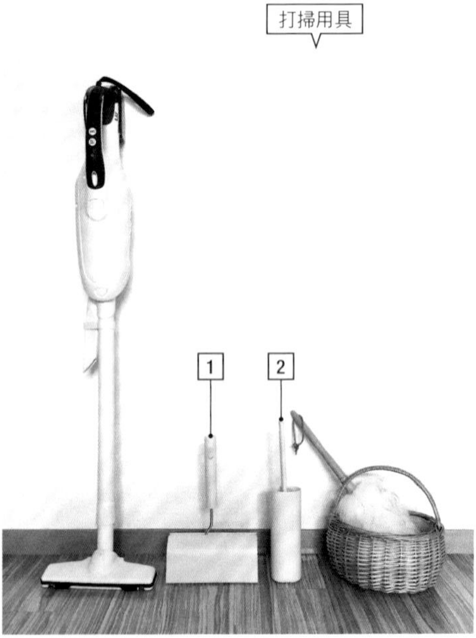

1

掃除系列／
地毯清潔滾輪／4A
約寬18.5×深7.5×
高27.5cm
價格：390日圓

2

掃除系列／衣物用清潔滾輪／4A
約寬6×深6×高21cm
價格：390日圓

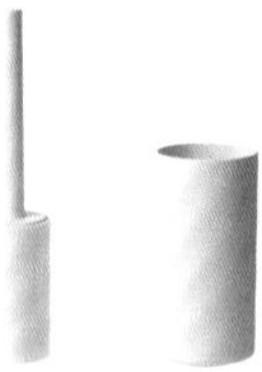

比倍半碳酸鈉電解水還厲害!?無印良品的鹼性電解水。

有次辦完章魚燒派對後，我決定購買無印良品的鹼性電解水回來試用。噴灑在餐桌上，用濕布一擦，發現連原子筆的痕跡也能輕鬆擦掉，所以我也拿去試噴在電視櫃跟電視前面的桌子上，結果所有地方的污漬都能擦得乾乾淨淨。

就連這張平常大女兒吃糖果和畫畫都會用到的桌子，也能一下子就擦得清潔溜溜，嚇了我一跳。

之前都是用倍半碳酸鈉電解水，但現在對付不同污漬，我也會使用這種鹼性電解水。

→pyokopyokop女士

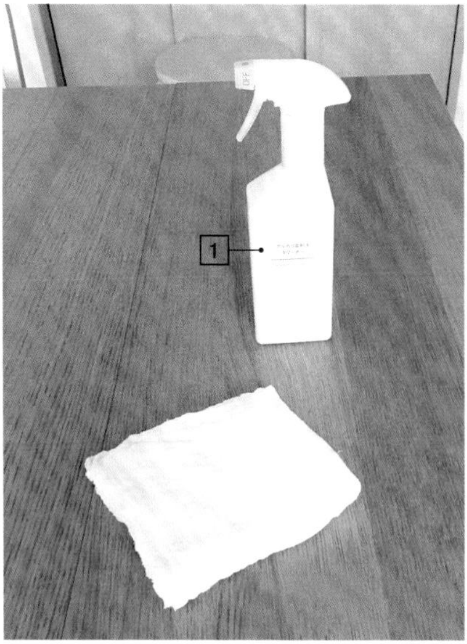

1 鹼性電解水清潔液
約400ml
價格：490日圓

拖把換根桿子打掃起來好開心。

吸塵器丟掉到現在已經4年了。我們家出場頻率最高的道具就是地板除塵拖把兼用。桿子部分從鋁製換成木製，給人一種素材本身柔和的感覺，我很喜歡。這樣就能讓麻煩的打掃做起來更開心，效率也會提高。→DAHLIA★女士

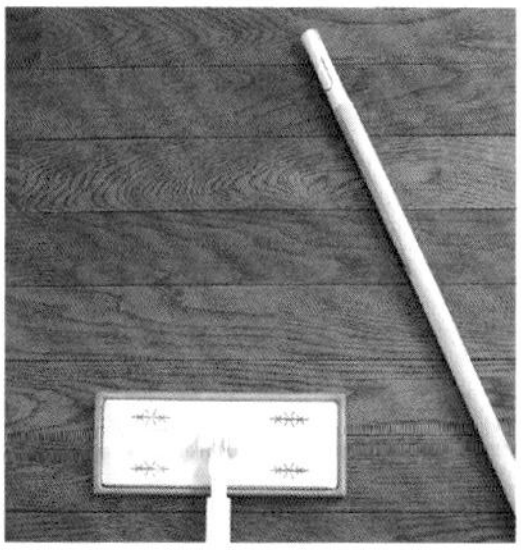

掃除系列／木製桿／室內用
約直徑2×長110cm
價格：1800日圓

陽台打掃使用用途廣又耐操的鍍鋅水桶。

打掃陽台時我會使用無印良品的鍍鋅水桶。出自專業工匠之手的水桶，堅固又耐用。孩子玩煙火時也不會像PP水桶一樣有熔掉的問題，是一項用途非常廣泛的好東西。

→pyokopyokop女士

鍍鋅水桶／8.2L
價格：1490日圓
※門市限定

能靈活運用的桌上型掃帚邊邊角角也能掃乾淨。

一家四口生活在一塊，鞋子的數量也很可觀。平常穿的、雨天穿的、還有客人用的室內拖鞋……所以玄關的鞋櫃很容易髒。雖然我們家的鞋子不是直接放在鞋櫃上，但還是很容易出現一些髒東西。

或許該找個時間把鞋子全部挪開，徹底用吸塵器吸過一遍……但還是覺得好麻煩啊！所以我選擇了無印良品的桌上型掃帚。而且還有附畚箕，真讓人開心。順手拿起掃把，快快把垃圾掃起來，一些比較邊邊角角的小地方也清得到。收的時候可以立起來放也很方便，而且掃帚本身體積小，孩子拿也剛剛好，最近我們家小孩都很樂意幫忙打掃呢。

↓阪口Yuko女士

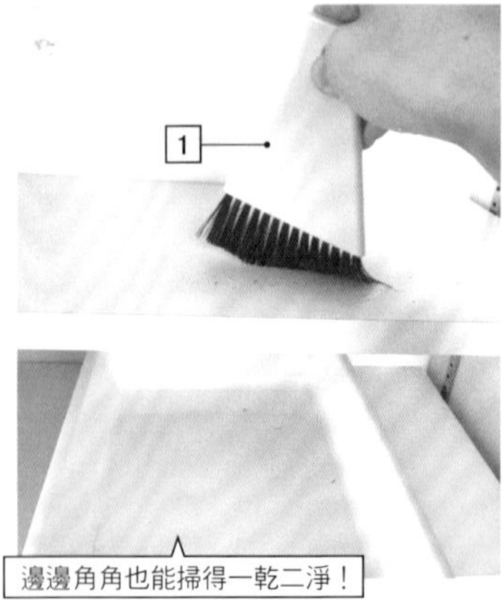

邊邊角角也能掃得一乾二淨！

1

桌上型掃帚（附畚箕）／4A
約寬16×深4×高17cm
價格：390日圓

確保足夠空間

什麼東西都不用動 還是能輕鬆打掃。

玄關的東西其實比想像中還多。家裡人多的話，很容易整個玄關的鞋子丟得亂七八糟。但就算有點占位子，還是想把打掃用具放在玄關！過去我一直抱持這個煩惱。

後來我用藤編收納籃來收納玄關的用品，裡頭放衣物用清潔滾輪、鞋類保養用品跟衛生紙。這麼一來就能讓玄關的空間寬敞許多。

鞋櫃上也乾淨整齊，一旦積灰塵馬上就可以清理。題外話，籃子裡面無印良品的鞋油和擦拭布物美價廉，可以把皮鞋擦得亮晶晶，非常推薦大家使用。

→mayuru.home女士

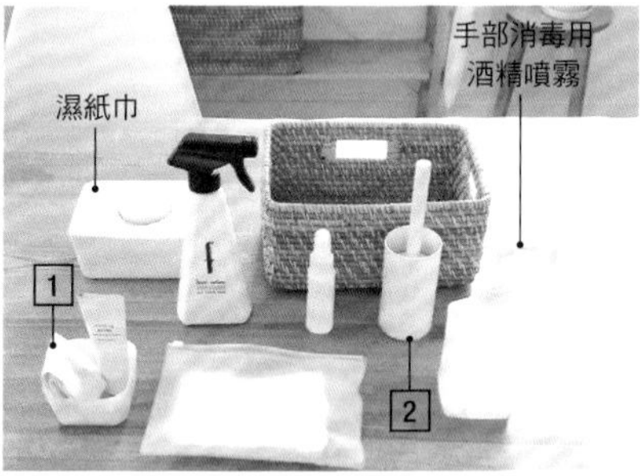

1

鞋油／附擦拭布
內容量45ml／無色
價格：490日圓

2

掃除系列／
衣物用清潔滾輪／4A
約寬6×深6×
高21cm
價格：390日圓

無印良品式簡便&高效率洗衣術。

事前花點心思準備，動手時就能馬上結束。
可以減少花費時間以及手續、
創造閒暇時光的洗衣術。

Category | 洗滌術

整理收納顧問「cozy-nest小巧過生活」

尾崎友吏子女士來告訴大家不費工夫的洗衣訣竅。

於客廳燙衣服。
熨燙用品不起眼地
收納於一角

燙衣服的地方在客廳。熨斗等熨燙用品為了好拿，和圍棋棋墩、DVD、遊戲片等會在客廳用的物品擺一起，用「可堆疊藤編籃」系列商品進行收納。

輕鬆洗衣服的秘訣，就是『一次全部做完』。這麼一來就可以精簡化手續跟時間。也建議花點心思讓家裡每個人都有辦法『順便』做到。

尾崎女士身為3個孩子的母親，夫婦倆又都有工作在身。照一般人的狀況來說，生活應該百般忙亂才對，但她卻能過得輕鬆愜意，享受每天的生活。

尾崎女士說家裡人多，當兒子長大，龐大的洗衣量曾讓她傷透腦筋。我們向她請教了到底怎麼樣讓洗衣服變得輕鬆無負擔。

首先要注意的是「一次做完」。洗衣機前面設置洗衣網，每個人直接把要洗的衣服丟進不同的網子。尾崎家不使用洗衣籃，需要掛起來風乾的衣物則直接丟進洗衣機。主要是毛巾等白色的東西、還有襪子跟內褲等深色的衣物會用無印良品的「洗衣網」分類好，再整袋丟進洗衣機洗、整袋拿到陽台晾。尾崎女士告訴我們：「光是減少把手伸進洗衣機裡拿衣服的次數，洗衣服的順暢程度就能大幅提升。」

再來，洗衣過程中最麻煩的「摺衣服」，在尾崎家也伶俐地省略掉了。吊起來晾的衣物，乾了後就直接掛到家庭衣櫥裡。衣服既不會皺，而且刻意「不摺衣服」，就能有效減少做事手續跟縮短時間。她說：「衣架基本上都使用無印良品的鋁製衣架。我們家裡的衣架大概有100支。家裡總共5個人，一個人差不多會用到20支，洗衣跟收納時都會用到，所以我覺得這個數量對我們家來說算是剛好。」

Profile

1970年出生於神奈川縣。現居於大阪。主婦資歷20年，育兒資歷18年。工作同時也扶養3個孩子長大。於部落格「cozy-nest 小さく整う暮らし」介紹透過減物來提高做家事效率的方法。著作包含《沒時間才更要學的理家術：家有三子的職業婦女，讓家事╳家計都easy的方法》（方智出版）、《沒時間才更要學的理家術：家有三子的職業婦女，「不要讓家事帶給你壓力」》（暫譯，KADOKAWA出版）等。

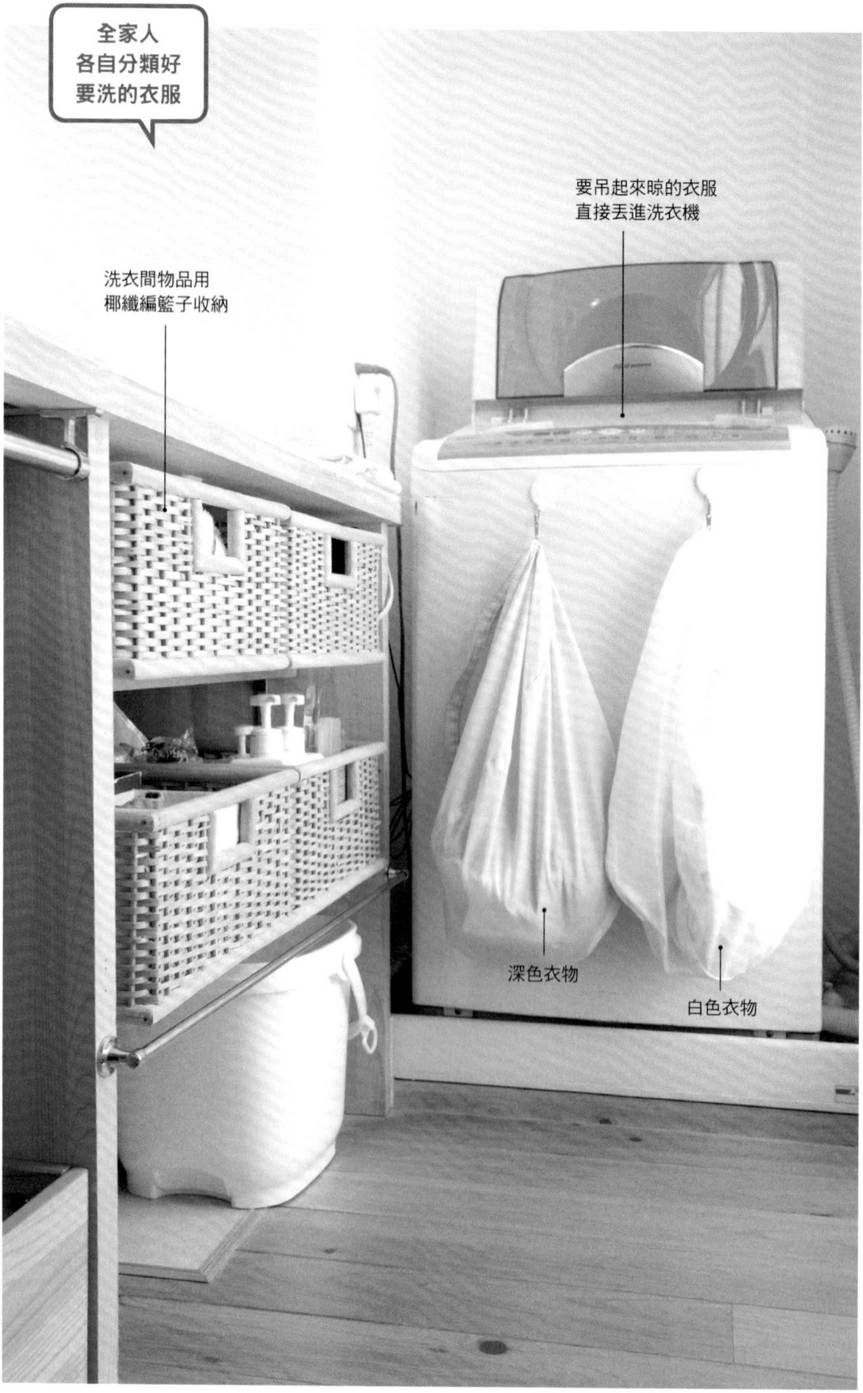
全家人
各自分類好
要洗的衣服
要吊起來晾的衣服
直接丟進洗衣機
洗衣間物品用
椰纖編籃子收納
深色衣物
白色衣物

「讓洗衣服的麻煩少一半的小撇步。
就是每個人要洗的衣服分好丟進洗衣網再整袋一起洗。
用衣架吊起來的衣物，晾乾後直接連衣架一起收起來。」

哪隻手從洗衣機拿出衣服
就用那隻手把衣服掛上衣架！
吊起來進行收納

省去洗衣服過程中最麻煩的「摺、收」兩步驟。衣服乾了後，就直接連衣架一起挪到衣櫥就好。

尾崎女士愛用的無印良品

1 無印良品的「鋁製衣架／3支組／寬41cm／4A」（290日圓）很纖細，掛衣服不會壓迫到衣櫥空間。這種重量輕的衣架也很適合把濕的衣服全吊起來後再一起移動。

2 買了又買的「球型洗衣網／大／5S」是尾崎家必備的道具，尾崎女士讚不絕口。「耐用度比其他洗衣網好多了，直接吊著看起來也很乾淨。」

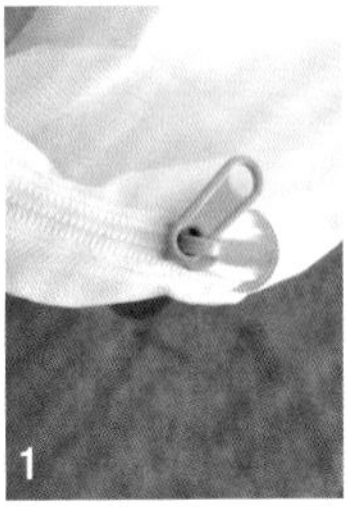
1

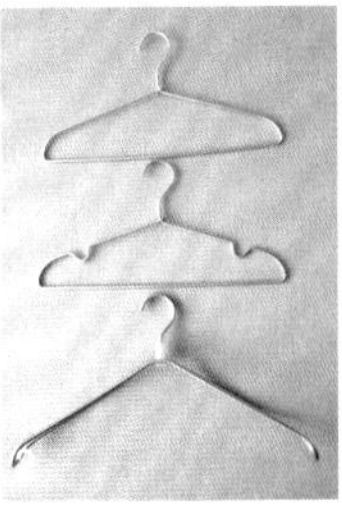

尾崎家洗衣服時不可或缺的道具，就是無印良品的「鋁製衣架／3支組／寬41cm／4A」（290日圓）以及「球型洗衣網／大／5S」（400日圓）。這兩樣東西都買了很多次，是尾崎女士特別喜愛的商品。「在我們家，收納也好晾衣也好，都是用這種鋁製衣架。鋁材質比塑膠更能承受氣候變化的影響，晾衣服時就算風吹雨打又曝曬在紫外線下也不容易變質。」除此之外，因為尾崎女士是把濕濕的衣服全部吊好後再一次移動到晾衣處，所以鋁製衣架的輕巧性也正合她的意。

然後，為了減少洗衣服的手續，洗衣網也派上了很大的用場。吊在洗衣機前面的無印良品洗衣網，對尾崎女士來說「大小剛剛好」，好幾年來都沒換過其他款式。「其實只要是洗衣網都可以，便宜貨也能發揮很大的功用。不過好幾年來都用這種大洗衣網洗這麼多的衣服，讓我也深刻體會到『耐用度』真的有差。而且我也很喜歡它簡單的外觀。」所以她總是會購買這種洗衣網。

兒子小時候的「換穿套裝」會事先準備好放在椰纖編籃子裡。

孩子要換穿的衣物照穿衣順序從上往下擺好

先穿衛生衣、再套上衣、褲子……照穿衣順序擺好的方法，也會養成孩子自行保管衣物意識。

節省洗衣服手續的關鍵，在於建立一套方法好「盡量讓每個家人保管自己的衣服」。在尾崎家，每個人都必須自己分類要洗的衣服，並自行管理洗好的衣服。

「孩子還小的時候，我會準備一個箱子擺好要換穿的衣物，讓他們學會自己換衣服。」衣服乾了後，就連衣架整個拿到衣櫥裡的暫時放置處，剩下的交給每個人自己把衣服拿去收好。在晾的時候，同一個人的衣物已經統一掛在一起、跟其他人的衣物區分開來了，所以收下來後也不須要再另外分類。

「襪子、內衣褲、手帕這些各自的東西也是自己收拾。內衣褲和襪子不用摺，採用隨手一扔就收好的方式，就算有些粗枝大葉，但可以的話還是盡量以簡單就能收拾為優先。

還有一點很重要，就是收下來的衣服不要堆在客廳這種人待的地方。設置一個專門放收下來衣服的空間，就能避免客廳成為一堆剛收下來的衣物的中繼站。」

大多掛在「鋁製衣架／3支組／寬41cm／4A」（290日圓）上，也善用「可堆疊椰纖編長方形籃／中」（1190日圓）來當作儲物箱。

衣服洗好晾好，各自收回衣櫃。事先決定好每件東西的收納方式，穿衣服也好洗衣服也好都能順利無比。

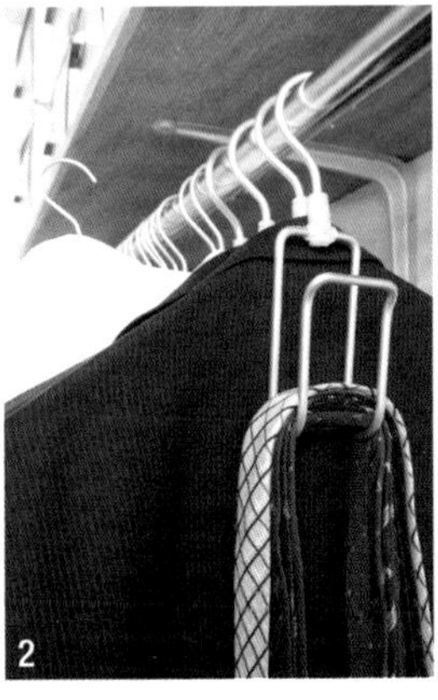

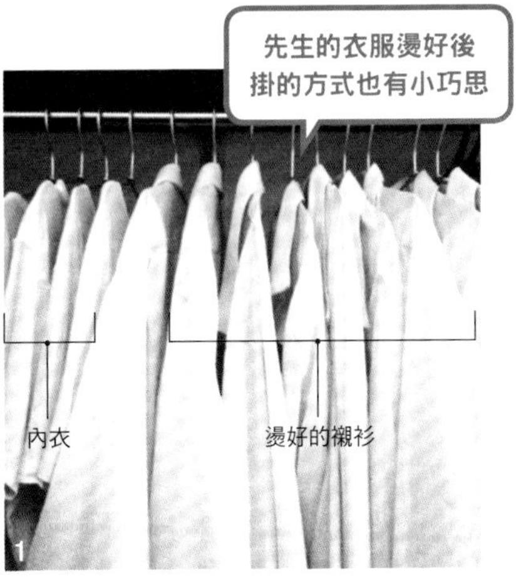

1 先生上班需要穿著燙好的襯衫配上裡面的內衣。從襯衫跟內衣兩種衣服的中間同時拿出左右兩件衣服，一個動作就能取出當天要穿的一套衣服。
2 領帶則是用「鋁製衣架／領帶、領巾用」（390日圓）來收納。一眼就能看清楚樣式，早上出門前好挑選，可以節省時間。

使用輕巧、形狀好看的簡樸化妝盒洗衣速度快2倍。

洗衣間裡放著髮蠟、洗面乳、吹風機還有先生的刮鬍用品等雜七雜八的東西，再怎麼樣都很難避免環境雜亂。可以的話還是想盡量創造出一個清爽的空間。

　這種狀況下，堆疊幾個無印良品的同尺寸化妝盒，收納起來也不占平面空間。由於有2種高度不同的盒子，依用途分開也很方便。洗衣間變得寬敞，衣服也乾得更快。

　東西也不是隨便亂塞進化妝盒就好，使用頻率低的東西放下層，每天會用到的東西不要收起來。順帶一提，矮的化妝盒可以放玄關，裡頭收著一些簽收貨物時會用到的印章和拆封用剪刀。

→ayakoteramoto女士

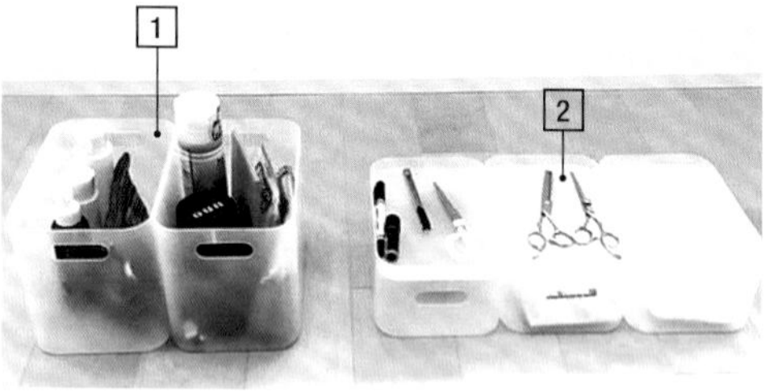

1

PP化妝盒
約寬15×深22×高16.9cm
價格：450日圓

2

PP化妝盒1/2橫型
約寬15×深11×高8.6cm
價格：190日圓

換衣間的內衣褲櫃使用配合白色地板的色調營造空間的整體感。

半透明的衣裝盒收納著內衣褲和洗臉用品，而耐壓收納箱裡則放洗髮精跟清潔劑的備用品。

PP衣裝盒／橫式放在換衣間裡也不擋路，洗好的衣服可以直接丟進去，輕鬆無比。衣裝盒前後比較短，大小剛好適合放內衣褲。耐壓收納箱使用特大尺寸，再加上它本身不透明，可以放心放進任何東西，所以我非常愛用。地板是白色的，使用無印良品的商品可以營造出整體感，創造一個以白色為基本色調、給人感覺既簡約又乾淨的空間。

→lokki_783女士

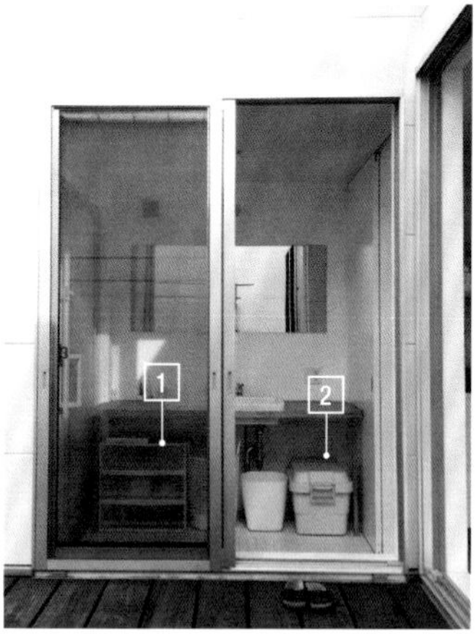

1 PP衣裝盒／橫式／小
約寬55×深44.5×高18cm
價格：1490日圓

2 耐壓收納箱／特大
約寬78×深39×高37cm
價格：2590日圓

簡單的設計才能打造漂亮的洗衣間。

我想說既然脫衣處統一使用白色用品，那乾脆連一旁的洗衣間也採用相同配色好了，於是買了無印良品的白色毛巾。毛巾有分各種大小，手巾、面用巾、浴巾一應俱全。

毛巾材質柔軟，不管洗幾次依然維持柔和舒服的觸感，所以我也很放心給孩子使用。

鋁製衣架的收納處也在洗衣間。衣架尺寸有大小之分，小的剛剛好可以用來掛孩子的衣服，真的受益無窮。我最喜歡的事情，就是東西有辦法收得整整齊齊、擺得漂漂亮亮。

→lokki_783女士

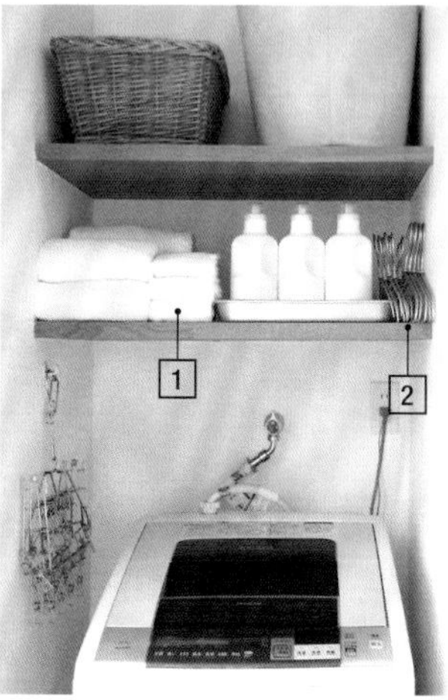

1 有機棉輕柔混面用巾／薄型／柔白
寬34×長85cm
價格：490日圓

2 鋁製衣架／3支組／寬33cm／4A
價格：250日圓

只要有不銹鋼收納籃滿滿的待洗衣物也成了每天的樂趣。

家裡人越多，相對要洗的衣服也會增加。每天洗衣服、晾衣服、收衣服、摺衣服、燙衣服……。相信不少人覺得這是件麻煩的差事。可是我用了無印良品的不鏽鋼收納籃後，洗衣服竟成了一種樂趣。這個大籃子，光擺在那邊看起來都很漂亮。把洗乾淨的衣服摺得整整齊齊放進籃子，讓我產生愉快的心情。當然放洗衣用品在裡面也OK。提把的部分收到籃子裡面的話，堆疊數個也不成問題，簡直是好用到不行的一大寶物。

衣服用整齊劃一的鋁製衣架掛起來晾。明明也就只有這樣，卻讓人覺得每天都能快快樂樂洗衣服呢。→meg女士

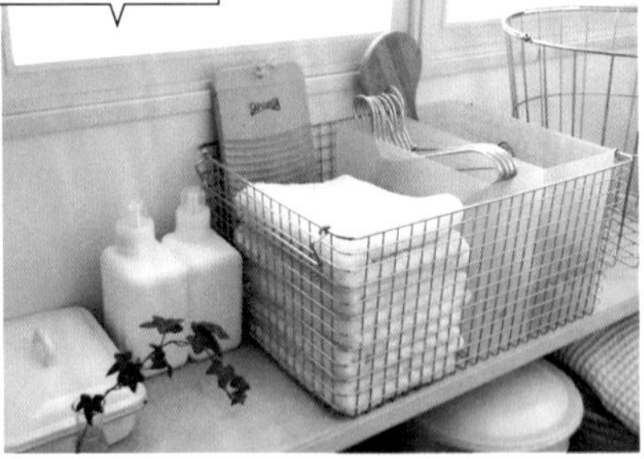

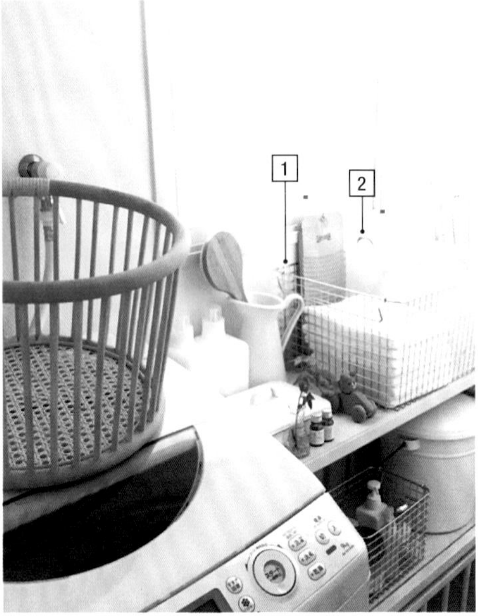

1

18-8　不鏽鋼收納籃7
約寬51×深37×高24cm
價格：4890日圓

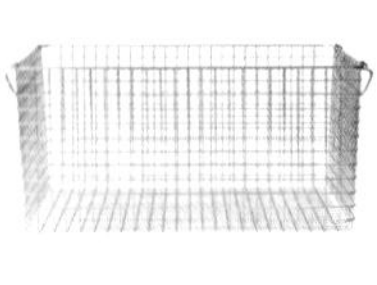

2

鋁製衣架／3支組／
寬41cm／4A
價格：290日圓

創造潔淨感。乾淨俐落的收納要善用**深度**。

當家裡有客人來訪，洗手、上廁所一定會使用的衛浴間是須要特別注意清潔的地方。毛巾跟先生的刮鬍刀，還有自己的衛生用品怎麼可以就這麼大剌剌地見人呢？要善用前後較長的籃子，把東西先全收進去再說。

其中我特別喜歡的道具就是藤編籃，可以用來暫時放衣服、朋友來住的時候也可以當作澡堂的衣籃一樣使用。用起來方便又愉快。防橫搖的掛鉤可以掛起吸塵器，我最近也拿來掛一些需要風乾的洗衣用品。這種掛鉤在任何房間都派得上用場呢。

→ayumi女士

看起來乾淨俐落

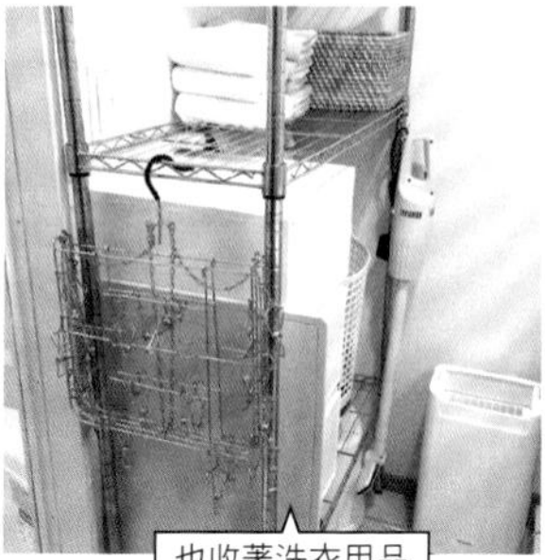
也收著洗衣用品

1

可堆疊藤編長方形籃／中
約寬36×深26×高16cm
價格：2890日圓
※蓋子另售

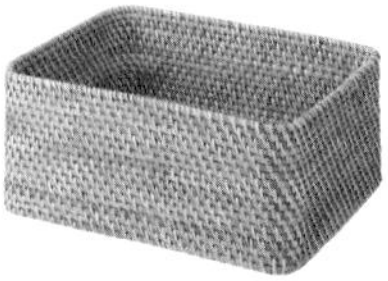

2

不鏽鋼絲夾／4入
約寬2×深5.5×高9.5cm
價格：390日圓

3

掛鉤／防橫搖型／大／2入
約直徑1.5×2.5cm
價格：350日圓

狹窄的洗衣間只放必要的東西收納做得漂漂亮亮。

無印良品的自由組合層架真的是方便得沒話說。洗衣間就是個狹窄的地方，怎麼收納東西常常讓人傷透腦筋。我想要高一點的收納家具，因為這樣就不會占到橫向空間，所以才買了這個層架。棚板的位置可以隨意更動，組合起來也不費事。

抽屜裡面有可調整高度的不織布分隔袋，顧名思義就是可以把布摺起來調整高度，所以能夠運用在各種收納盒裡。收衣服跟內衣褲時，空間裡如果做好區隔就會好收很多。

正因為空間非常有限，才需要消除閒置空位，創造有效的收納空間。

→mayuru.home女士

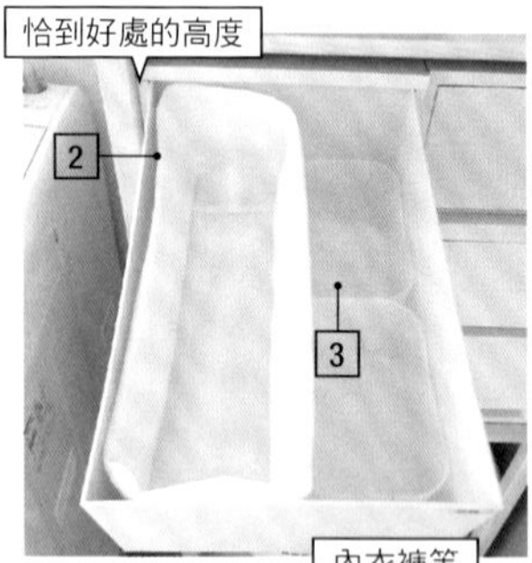

1

自由組合層架／松木材／58cm／大寬58×深39.5×高175.5cm
價格：1萬1900日圓

2

可調整高度的不織布分隔袋／小／2入
約寬11×深32.5×高21cm
價格：690日圓

3

PP化妝盒1/4橫型
約寬15×深11×高4.5cm
價格：150日圓

放著就好的收納方式
讓洗衣用品和衣物收拾好簡單。

客廳的收納空間小，洗衣用品都收在洗衣間。占位子的衣架用檔案盒裝，隨時能和曬衣架一起使用。這麼一來，洗衣服就會變得非常順利。另外，無印良品的收納盒（因為尺寸小巧，不會占用太多空間）、棉麻聚酯收納箱比外表看起來還要堅實，我很喜歡拿來裝洗好的衣服。洗好澡後，毛巾也只須要放在架子上，收拾起來很方便。收納盒外貼上標籤，讓人一看就知道裡面收什麼。這麼一來，孩子也有辦法自己收東西，省下我不少麻煩。很多抽屜也是一件令人覺得有趣的事情呢。

→kumi女士

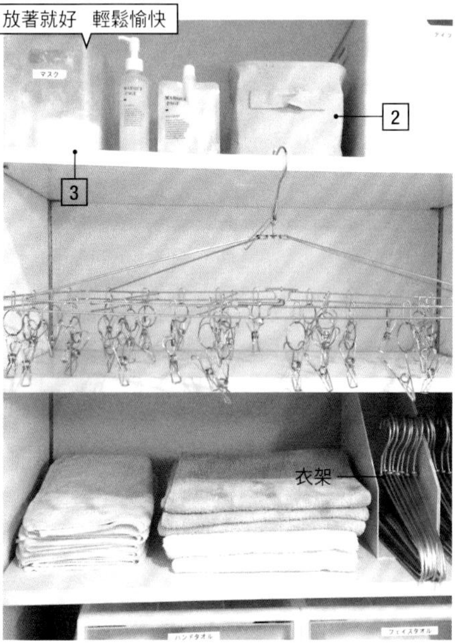

1

PP收納盒／小
約寬34×深44.5×高18cm
價格：990日圓

2

棉麻聚酯收納箱長方形／淺型／迷你
約寬18.5×深26×高16cm
價格：790日圓

3

PP化妝盒
約寬15×深22×高16.9cm
價格：450日圓

每天「做一點簡單清理」順手打掃就可以創造乾淨洗衣環境。

這裡同時是換衣、洗衣的空間，很容易積灰塵，但我常常想好好保持這裡的環境清潔。

衣架是小型的，拿來掛孩子的衣物剛剛好，所以我衣服洗好要晾的時候常常用到。洗完後馬上收進抽屜，這裡會用來收內衣褲和襪子這些容易弄丟的小東西。收納時採取東西不落地的方式，讓空間盡可能寬敞一些。

因為每天都要洗衣服，所以希望這個空間時時都乾乾淨淨的。平時「順手打掃」「做一點簡單清理」，就能讓空間變得清爽俐落，人活動起來也方便。在乾淨的環境下洗衣服，感覺連心靈也被洗滌了。

→mayuru.home女士

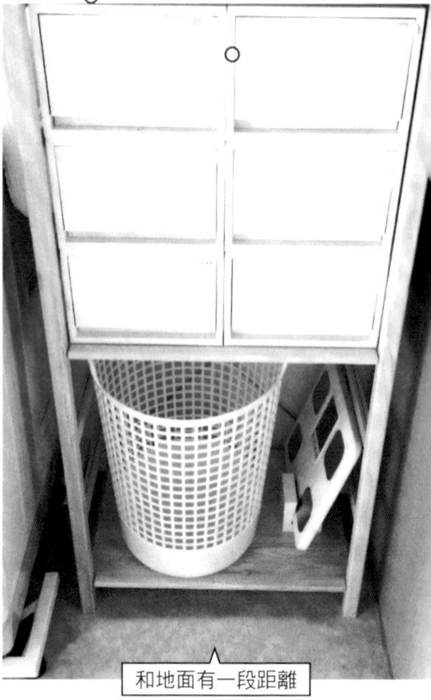

1

PP盒／抽屜式／深型／白灰
約寬26×深37×高17.5cm
價格：990日圓

2

棉麻聚酯收納箱長方形／中
約寬37×深26×高26cm
價格：1190日圓

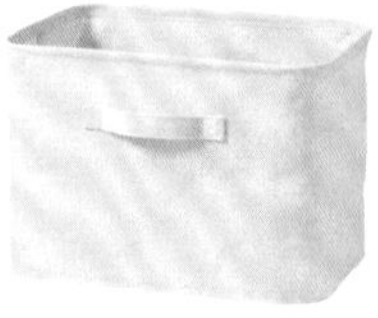

3

鋁製衣架／3支組／
寬41cm／4A
價格：290日圓

特別細心對待的嬰兒用品需要仔細清洗並放進乾淨的盒子。

嬰兒床下方放著很多嬰兒用品，洗好的紗布巾收進無印良品的化妝盒。東西好不容易洗乾淨了，收的地方當然也要乾乾淨淨才行呢。

→ayumi女士

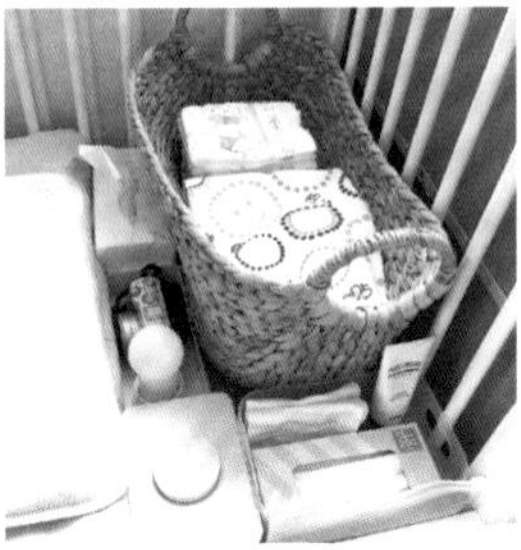

PP化妝盒1/2
約寬15×深22×高8.6cm
價格：350日圓

想裝哪裡就裝哪裡！確保衛浴間的收納空間。

橡木材掛鉤可以輕易安裝，裝在如浴室外脫衣服的狹小空間，掛上一個袋子，裡面收納清潔劑等各式各樣的雜物，使用洗衣機時就可以馬上拿出清潔劑倒入，十分方便。

→mayuru.home女士

壁掛家具／掛鉤／橡木
寬4×深6×高8cm
價格：890日圓

善用長型的盒子打造乾爽寬敞浴室。

衛浴間的空間實在說不上寬敞。善用前後較長的盒子，保管容易丟得到處都是的化妝品。而且我們家的浴室使用完會進行乾燥，可以的話還是會想在寬敞的空間洗衣服呢。

→ayumi女士

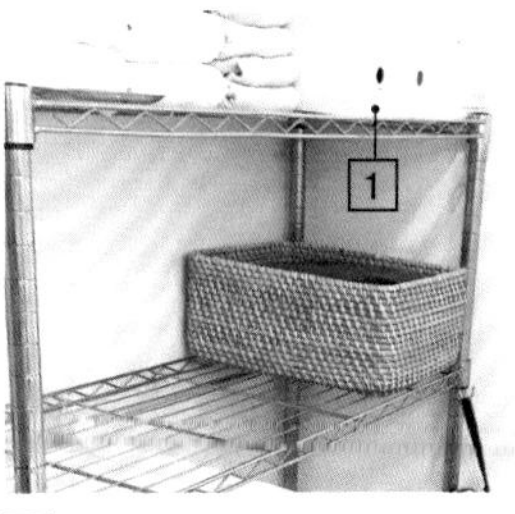

1 PP立式檔案盒1/2／白灰
約寬10×深32×高12cm
價格：390日圓

因為衣架全都是同一款衣服洗起來也樂無窮。

晾衣服的時候、整理衣架的時候，光是衣架全部都長得一樣就讓人覺得很開心。角型衣架是不鏽鋼製，不易生鏽，夾子數量也很夠，晾衣效果極佳。

→lokki_783女士

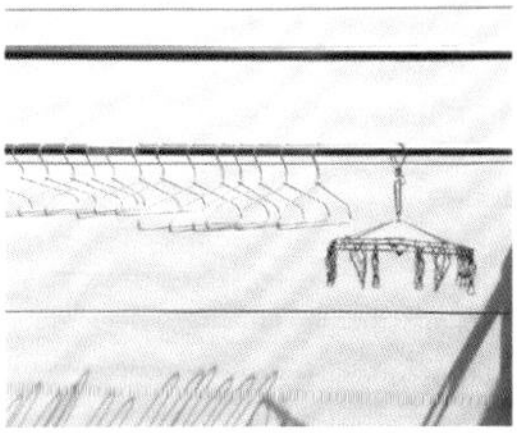

鋁製衣架／3支組／寬33cm／4A
價格：250日圓

全不鏽鋼角型衣架／小
約35.5×28cm、衣夾18個
價格：2490日圓

如果衣服乾得夠快 室內晾衣其實也不賴！

碰到連日雨天，無奈之下只能在房間裡面晾衣服。這種時候空氣循環風扇開下去，就能舒舒服服在房間裡面晾衣服。風扇雖然小，但促進空氣循環功能強，加上空調，衣服馬上就乾了。而且風扇本身是低噪音設計，運轉時完全不會注意到聲音。

鋁角衣架使用了比塑膠更耐用的PC材質，非常堅韌。衣夾數量也很多，實用性佳，我很喜歡。一般會覺得在房間裡晾衣服很討厭，但只要選擇好道具也能讓這種房間給人的感覺變舒服。

→mayuru.home女士

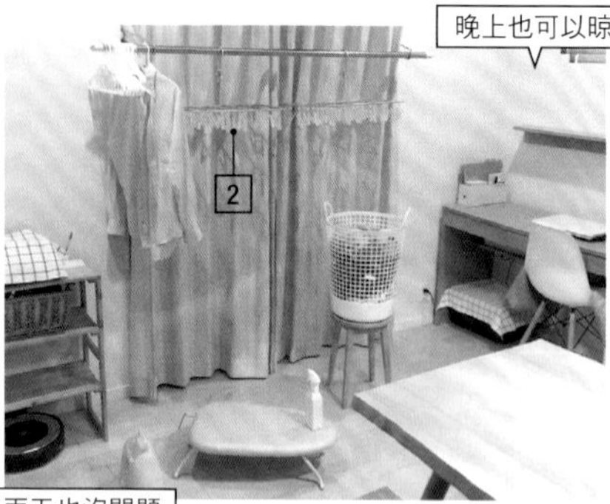

晚上也可以晾

雨天也沒問題

1
空氣循環風扇
（低噪音、大風量）／白
型號：AT-CF-18R2-W
價格：2730日圓
※照片為舊款商品

2
鋁角衣架／
PC衣夾／大
約51.5×37cm、衣夾40個
價格：2800日圓

衣服不要從衣架上拿下來 節省手續提高效率。

衣服收進衣櫥時還有晾衣服時，最好用的就是無印良品的鋁製衣架。衣架的形狀不會讓衣服的肩膀部分凸出來，尤其體積小不占空間更是一大優點。特別是冬天有很多厚重的衣物，想要讓衣櫃清爽一點時，我都使用這款衣架。

最教人開心的，是衣服乾了後可以直接連衣架一起收進衣櫃。這樣就能節省時間，讓家事做起來效率大增。

→ayumi女士

空間充裕不侷促

冬季服裝也清爽俐落

1
鋁製衣架／
3支組／
寬41cm／4A
價格：290日圓

因為**形狀長這樣**衣服可以輕鬆晾好！

我喜歡把洗好的衣服收得漂漂亮亮。雖然很多人覺得洗衣服很麻煩，但對我來說看到晾乾的乾淨衣服就很開心。就算不用拉開衣領，無印良品的衣架也可以輕鬆穿過T恤。而且塑膠材質重量輕，這點也很棒。↓阪口Yuko女士

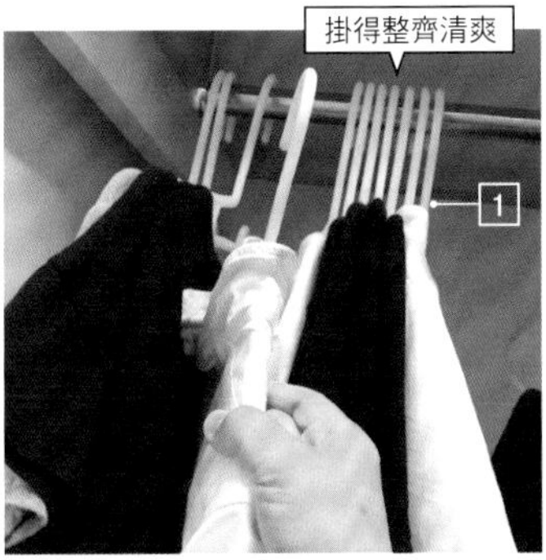

1
PP晒衣架／T恤用／3支組／4A
約寬41cm
價格：250日圓

收納**只要掛起來**就能避免衣服產生皺褶！

收納衣服時，要分出常穿的跟少穿的。常穿的衣物就用無印良品的鋁製衣架整齊掛好，要拿的時候很順手。衣服洗好晾乾後也能直接收起來，非常令人開心。

↓kumi女士

鋁製衣架／3支組／寬41cm／4A
價格：290日圓

每天都想掛好好有了這一台，衣服平整亮麗。

這台無印良品的電熨斗用起來靈活又輕巧，雖然是旅行用的，但效果一點也不遜色。洗好的衣服收下來後，可以立刻插電進行整燙。熨斗重量僅有400g，可以輕鬆燙好衣服。

↓meg女士

旅行用電熨斗
型號：TPA-MJ211
價格：3990日圓

佔位子的洗衣用品依類別分開收好就能順利晾衣服。

洗衣服是我每天都做的其中一項家事。洗衣用品包含許多衣架和衣夾、棉被夾，很占位子，沒有好好整理過的話也會影響到洗衣時的效率。

我們家使用無印良品的化妝盒，把各種夾子分類管理。化妝盒有不同大小，可以依據要收的東西挑選適合的尺寸。比方說想要使用那個大夾子的時候，就可以馬上拿出來，省下翻找的麻煩。

還有這個角型衣架能夠輕巧摺疊起來，收的時候也不占空間。而且衣夾的數量夠多，晾起衣服來非常實用。

→pyokopyokop女士

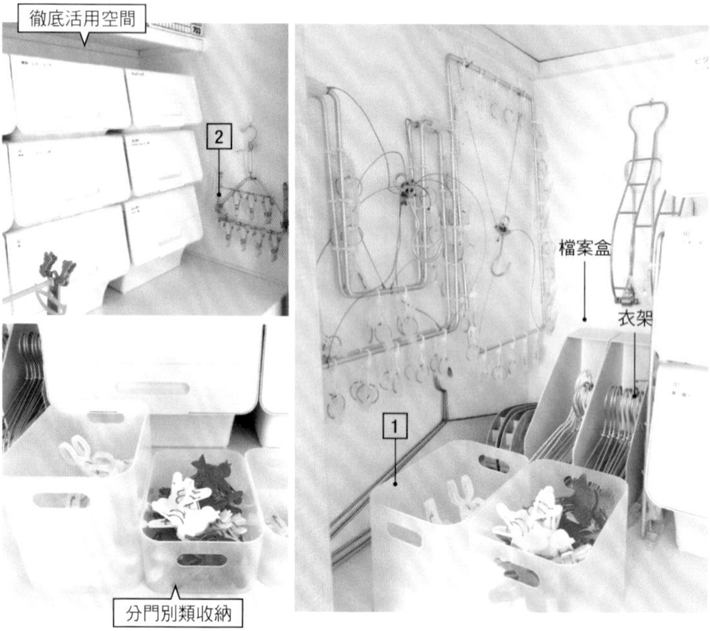

1

PP化妝盒
約寬15×深22×高16.9cm
價格：450日圓

2

全不鏽鋼角型衣架／小
約35.5×28cm、衣夾18個
價格：2490日圓

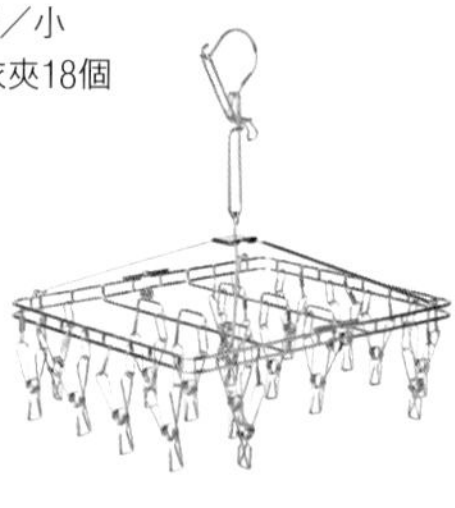

只需要「穿過去」！重視功能性消除麻煩。

其實我這個人非常懶惰。我一直在想，晾衣服時要小心掛上衣架、收衣服時還要從衣架上拿下來……難道就沒有更輕鬆的方法嗎？這時，我發現了無印良品這種形狀的衣架。

我們家有很多T恤跟針織衫，加上也有孩子的衣服，每天要洗的衣物量非常龐大。不過多虧這種衣架，晾衣服的時候只需要直接穿過領口，大大減少了負擔。而且衣架本身輕，衣服也不容易滑落，不必擔心衣服掛到變形，收進衣櫥時看起來也很整齊。材質雖然是塑膠，不過因為做得很堅韌，可以用很久，這點也很讓人開心。題外話，我個人很喜歡一些能讓人感受塑膠材質美感的東西。

↓阪口Yuko女士

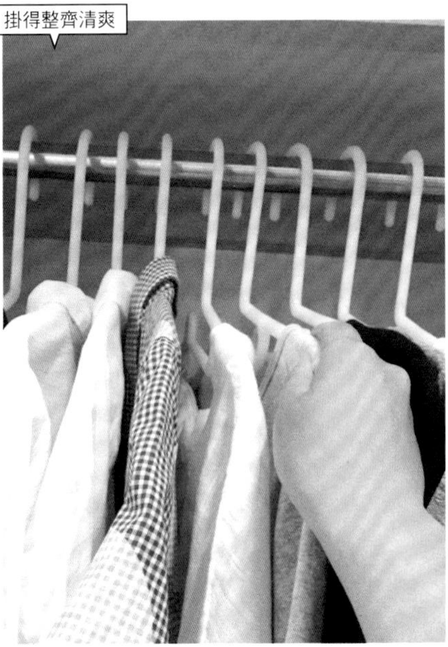

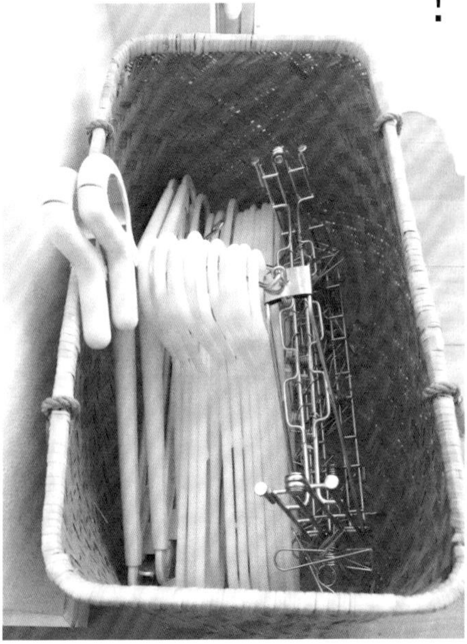

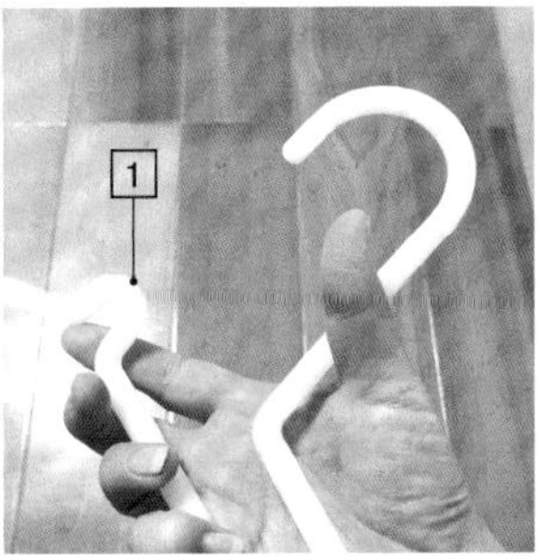

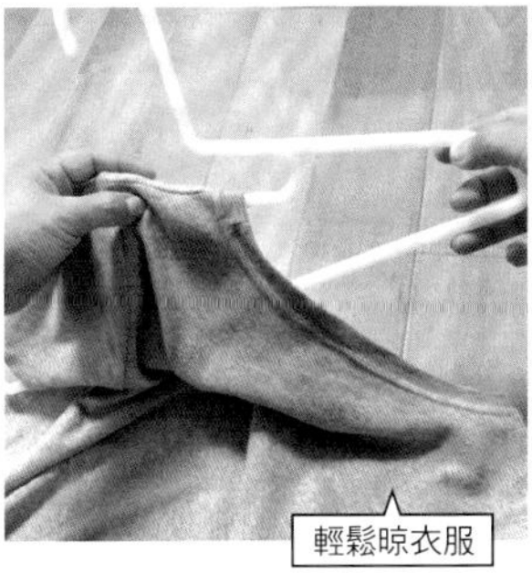

1

PP晒衣架／T恤用／
3支組／4A
約寬41cm
價格：250日圓

裡使用無印良品？

書中的各位受訪者介紹了許多無印良品便利的道具，也為我們介紹，自己是住在怎麼樣的房子，怎麼使用這些道具的。如果各位讀者覺得哪些想法真的很「讚」，不妨嘗試看看。

Instagramer

mari_ppe___

兵庫縣

先生（37歲）、大女兒（10）、大兒子（6歲）

家庭主婦

mari_ppe____女士追求打造出能短時間內把東西收拾完畢的房間。替玩具、讀書用品以及報紙等物品規劃出一條方便收拾的動線。廚房收納改用開放式層架後也喜歡上了廚房，現在都很期待接下來該做些什麼變化。

https://www.instagram.com/mari_ppe____/

部落格主

ayakoteramoto

神奈川縣

與先生及兩位孩子（3歲和6歲）的四口家庭

插畫家、文字工作者

ayakoteramoto女士住在2016年整體重新裝潢過的中古公寓，使用方便分類、樣式能夠統一的無印良品商品來收拾的方法，在注重北歐風室內設計的房間也能完美融入。職業為插畫家。

http://www.simple-home.net/

部落格主

DAHLIA★

神奈川縣

和先生共組兩人家庭

主婦

DAHLIA★女士以對家裡多到滿出來的東西斷捨離為契機，開始過上簡單的生活，家裡只擺真正喜歡的東西。但並非一味減少物品，而是只留下真正需要的數量、不造成浪費，並有效率使用這些物品。一個個無印良品的道具，正適合現在的生活型態。

http://xn--eckub9eg4gl8c.jp.net/

Instagramer

ayumi

大分縣

與先生及大女兒（4歲）大兒子（0歲）的四口家庭

主婦

ayumi女士經常思索「現在」的「自己」真正需要什麼，替物品斷捨離，最後選擇留下的東西總是令她喜愛得感到雀躍。她喜歡無印良品的一點在於，有很多收納用品就算只是擺在外面也具有裝飾效果。生活中不會擺放不必要東西。

https://www.instagram.com/ayumi._.201/

Instagramer

kumi

與先生及大女兒（5歲）大兒子（2歲）的四口家庭

知識密集型產業

kumi女士總是在想，怎麼樣在忙碌無比的充實日子裡和家人舒舒服服過生活。一旦意識到東西增加了便進行斷捨離，方便之後的收納。為了打造出替家人的健康著想、過上豐富、笑聲不斷生活的空間，使用自然素材的無印良品成了生活的一部分。

https://www.instagram.com/ho___ppe/

Instagramer

meg

meg女士喜歡木製品、以及白色的東西，家裡看起來既有整體感又優雅。在Instagram上分享房間的照片後，許許多多的人為之著迷。希望生活周遭充滿喜歡物品的meg女士家中，處處可見兼具設計感與實用性的無印良品產品散發出光芒。

https://www.instagram.com/brooch.m/

大公開！ 家族成員？居住地點？獨棟？租房？

大家在什麼樣的房子

Instagramer

yu.ha 0314

yuri女士維持東西少少的簡單生活，家裡處處整理得有條不紊。如果可以收納的地方少，那就自行創造收納空間。就算是十分有限的空間，也能用無印良品的收納用品確實分類，並收拾得有條有理，這就是她喜愛無印良品的理由。

https://www.instagram.com/yu.ha0314/

Instagramer

mayuru.home

九州
與先生及大兒子（5歲）、小兒子（3歲）共組四口家庭
醫療業

東西收納要看得清楚，拿得方便。mayuru.home女士建立了一套家裡所有人都清楚什麼東西在哪裡的收納方式。喜歡無印良品商品簡樸的外觀，擺在外頭也不礙觀瞻。就算是覺得特別麻煩的打掃，也可以用喜歡的道具提高好心情。

https://www.instagram.com/mayuru.home/

部落格主

阪口Yuko

滋賀縣
與先生及大兒子（12歲）、大女兒（10歲）共組四口家庭
整理收納顧問

阪口Yuko女士是一名整理收納顧問，非常喜歡無印良品掃除系列商品輕巧又能摺疊的特色。為了讓全家大小都能自行動手打掃，掃具全都沒有收起來。不過無印良品的掃具擺著也有裝飾的效果，所以並不會讓人覺得礙眼。

http://sakaguchiyuko.blog.jp/

Instagramer

nika

與先生及大女兒（4歲）共組三口家庭

對nika女士來說，能夠縮短打掃時間、大多設計簡約的無印良品產品已然是生活的一部分。制定出任誰都能輕鬆做到的規範，全家大小一起實行。著有《輕鬆又俐落！簡單做家事》（暫譯，扶桑社出版）一書。

https://www.instagram.com/nika.home/

Instagramer

lokki_783

兵庫縣
先生及大兒子（7歲）、小兒子（2歲）
主婦

lokki_783女士家中的收納和打掃用具，幾乎全是無印良品的商品。透過統一色調，就能營造出家中視覺的整體感，讓人湧現想要整理的心情。使用的打掃用具也是自己喜歡的東西，讓打掃家裡變成一件快樂的事。無印良品令家事做起來變得十分開心。

https://www.instagram.com/lokki_783/

Instagramer

pyokopyokop

埼玉縣
與先生及大女兒（4歲）、小女兒（1歲）共組四口家庭
上班族

pyokopyokop女士追求清爽又簡單的生活，會制定好規則再做家事，比方說每天一定要打掃一處平常不會清理的地方，還有為了隔天早上做事方便，前一天晚上先清理廚房等。喜歡許多設計簡易的無印良品產品，就算放著不收也不難看。

https://www.instagram.com/pyokopyokop/

TITLE

無印良品整理・打掃・洗滌 家事哲學

STAFF

出版	瑞昇文化事業股份有限公司
編著	X-Knowledge Co., Ltd
譯者	沈俊傑
總編輯	郭湘齡
責任編輯	陳亭安
文字編輯	徐承義　蔣詩綺
美術編輯	孫慧琪
排版	二次方數位設計
製版	昇昇興業股份有限公司
印刷	龍岡數位文化股份有限公司
法律顧問	經兆國際法律事務所　黃沛聲律師
戶名	瑞昇文化事業股份有限公司
劃撥帳號	19598343
地址	新北市中和區景平路464巷2弄1-4號
電話	(02)2945-3191
傳真	(02)2945-3190
網址	www.rising-books.com.tw
Mail	deepblue@rising-books.com.tw
本版日期	2018年12月
定價	350元

ORIGINAL JAPANESE EDITION STAFF

ブックデザイン	奥山志乃 (細山田デザイン事務所)
執筆	田中彰　西澤浩一　藤田奈津紀 (エックスワン)
写真	尾木司　fort©OURHOME (P8-15、カバー)
印刷所	シナノ書籍印刷株式会社
協力	良品計画

國家圖書館出版品預行編目資料

無印良品的整理.打掃.洗滌 家事哲學 / X-Knowledge Co., Ltd編著 ; 沈俊傑譯. -- 初版. -- 新北市 : 瑞昇文化, 2018.11
128 面 ; 14.8 x 21 公分
ISBN 978-986-401-278-7(平裝)

1.家政 2.家庭佈置

420　　107016001